Preuschofts Pferdekompendium

Holger Preuschoft

Preuschofts Pferdekompendium

Evolution, Biomechanik und Interaktion von Mensch und Pferd

Olms Presse

Bibliografische Information der Deutschen Nationalbibliothek
Die Deutsche Nationalbibliothek verzeichnet diese Publikation in der Deutschen Nationalbibliografie; detaillierte bibliografische Daten sind im Internet über http://dnb.d-nb.de abrufbar.

www.olms-presse.de
Printed in Poland
Gedruckt auf säurefreiem und alterungsbeständigem Papier
Lektorat: Ulrike Böhmer, Hildesheim
Satz: Michael Schmitz, Hildesheim
Herstellung: Azymut sp. z o.o., Warschau
ISBN 978-3-7582-0820-1

Inhalt

1. Einführung

Dieses Buch fasst meine Erfahrungen als passionierter Pferdefreund und Reiter sowie als Wissenschaftler zusammen. Mein wissenschaftliches Interesse für Untersuchungen an und mit Pferden haben mich zu Vergleichen mit anderen (Lauf-)Tieren angeregt und bauten auf meinen Erfahrungen über die funktionelle Anatomie des Menschen auf.

Das Buch besteht aus drei Hauptteilen: Der **erste Teil** mit den Kapiteln 2 und 3 enthält großenteils Informationen aus dem Schrifttum zur Entwicklung und Ausbreitung von Pferden und deren verwandten Wildformen und vermittelt dem Leser ein Grundwissen.

Für den **zweiten Teil** mit den Kapiteln 4 bis 7 gibt es nur ein Wort, das meinen Antrieb passend benennt: Neugier. Man mag es auch etwas anspruchsvoller „wissenschaftliche Neugier" nennen. Es gibt nichts Schöneres als die Lösung eines der Rätsel, welche uns die Natur vorgibt. Besonders für die Statik und Kinetik von Pferd und Mensch habe ich die mechanischen Ursachen gesucht und gefunden. Diese Neugier muss verbunden sein mit Fantasie beim Suchen von Möglichkeiten, die Aufklärung von Fragen zu finden und übergeordnete Zusammenhänge zu erfassen. Dieser zweite Teil ist unmittelbar aus meiner Berufstätigkeit als Professor der Anatomie erwachsen und hat deshalb einen geringeren Bezug zur Praxis des Reitens. Viele Informationen sind im Hinblick auf das Reiten aber durchaus wissenswert und indirekt anwendbar. Das gilt auch das Kapitel 7 über die Abstammung des Menschen und die biomechanischen Notwendigkeiten, die natürlich Einfluss auf den Umgang mit Pferden nehmen.

Der **dritte Teil** ab Kapitel 8 setzt den Schwerpunkt auf das Verhältnis zwischen Mensch und Pferd und ist unmittelbar auf die Praxis des Umgangs mit Pferden bezogen. Viele Beiträge dazu entstanden auf Anfragen der FN, Tierärzten oder von Zuhörern meiner Vorträge.

Mein beruflicher Werdegang begann nach dem Abitur außerhalb der Pferdewelt mit einer kaufmännischen Ausbildung und einem Jahr Tätigkeit in diesem Bereich. Mit dem Bewusstsein, dass ich eigentlich etwas anderes machen wollte, kündigte ich meine Anstellung und warf mich dem Abenteuer der Wissenschaft in die Arme, d. h., ich begann ein Biologie-Studium an der Universität Frankfurt. Das erwies sich als großer Treffer, denn ich habe zahlreiche Professoren kennen gelernt, vor allem Peter Kramp, Emil Breitinger, Dietrich Starck, Benno Kummer, um nur die wichtigsten zu erwähnen, die mich kräftig gefördert haben. Ich wurde von ihnen in Teilfragen der menschlichen Stammesgeschichte, der vergleichenden Anatomie, der Primatologie eingeführt und mit den Schriften des Aachener Orthopäden Friedrich Pauwels bekannt gemacht, der die Gedanken der Ingenieure zum Verständnis menschlicher Skelettformen herangezogen hatte. Auf Anregung von Dietrich Starck wechselte ich kurzfristig in die Medizin. Nach der Promotion zum Dr. phil. nat. in Frankfurt führte mich mein Weg als wissenschaftlicher Assistent nach Tübingen, wo ich 1968 meine Habilitation an der Medizinischen Fakultät zur funktionellen Anatomie des Menschen- und Menschenaffenfußes abschloss.

1971 folgte ich dem Ruf auf eine gut ausgestattete Professur in der Anatomie der neu gegründeten Ruhr-Universität Bochum bei voller Beteiligung am Unterricht in diesem Fach. Das hieß auch Anatomie-Vorlesungen vor mehr als 500 Studenten und Präparierkurs. Ein Auftrag des Landes NRW für meine Arbeitsgruppe Funktionelle Morphologie über die Gangarten war der Startpunkt meiner wissenschaftlichen Arbeiten über Pferde. Die Reiterliche Vereinigung (FN) in Warendorf hat mich dabei durch die Bereitstellung von Reitern, Pferden, Platz und Hindernissen unterstützt. Die Ergebnisse sind in einem Buch niedergelegt, das im FN-Verlag, Wiss. Studien Nr. 9, erschienen ist. Weitergehende Studien über Pferde habe ich im vorliegenden Buch mit dem Wunsch zusammengefasst, dass es die Leser erfreut und bereichert.

Meine persönlichen Beziehungen zu Pferden reichen weit zurück. Schon als Dreijähriger suchte ich, nachdem ich etwas ausgefressen hatte, sichere Zuflucht zwischen den acht Beinen der Pferde vor dem Milch- oder dem Bierwagen. Als Jugendlicher lernte ich auf der Rennbahn in Frankfurt-Niederrad das Reiten und den Umgang mit sehr heftigen und temperamentvollen Rennpferden. An vielen Tagen stand ich früh auf, fuhr mit dem Rad vom Norden Frankfurts in den Süden nach Niederrad, machte meinen Stalldienst, ritt ein Pferd und sauste wieder nach Norden in die Schule. Nach etwa vier Jahren war ein Höhepunkt der Gewinn eines Rennens auf einem Halbbruder der später berühmt gewordenen Stute Halla, die damals noch Hindernisrennen ging. Diesen jungen Hengst hatte ich in einem Eisenbahnwaggon von der Weide geholt und später angeritten. Auch danach blieb ich den Rennpferden treu und ritt für verschiedene Trainer, nicht immer deren einfachste Pferde.

In meiner späten Tübinger Zeit habe ich mich mit konventionellem Reiten beschäftigt und hatte die Gelegenheit, eine L-Dressur reiten und an einer Jagd als Pikeur teilzunehmen. Richtig eng wurde dann die Beziehung zu meinem langjährigen Pferd Patrik, der ein stolzes Alter von 32 Jahren erreichte. Ich bekam ihn 1974, ein dunkelbrauner Vollblut-Connemara-Mix-Wallach mit einem Stockmaß von 157 cm. Aber die Gänge! Er gehörte zu den wenigen, deren Trab so gut ist wie der Galopp. Weil er diese phantastischen schwebenden Gänge hatte, die mich so lebhaft an meine Rennbahnzeit erinnerten, habe ich ihn gekauft, viel am Boden gearbeitet und später angeritten. Patrik wurde überwiegend auf der Weide mit Offenstall gehalten. Unsere Ausritte fanden im Gelände statt, so dass er keine Probleme mit Bodenunebenheiten, Pfützen, Wasserläufen, Brücken etc. hatte und ohne Probleme über Hindernisse wie auf dem Weg liegende Baustämme springen konnte. Einen Parcours an unserem Reitstall haben wir natürlich auch einmal ausprobiert – fehlerfrei – keine Probleme. Was das Springreiten angeht, ist es jedoch bei dieser Ausnahme geblieben. Dafür haben wir die Dressur bis zu Klasse M betrieben. Natürlich hat Patrik mir und meiner Arbeitsgruppe bei vielen Untersuchungen wertvollste Dienste geleistet.

Erfahrungen machte ich auch im Umgang mit Pferden, die im Western-Style ausgebildet waren. Diese habe ich natürlich so geritten wie Patrik und es war beeindruckend, wie ein solch gut ausgebildetes Pferd innerhalb weniger Wochen gerne und perfekt piaffieren konnte, was Patrik zwar tat, aber gar nicht mochte. Gerne schreibe ich an dieser Stelle, dass Patrik wirklich nie ernsthaft krank war – Glückssache. Im hohen Alter von 31 Jahren konnte er unter einer guten und im Vergleich zu mir leichteren Reiterin noch sämtliche Lektionen, ermüdete aber schnell, innerhalb von wenigen Minuten.

Ich hoffe, dass Sie beim Lesen dieses Buches nicht ermüden und Ihr Wissen über Pferde und auch über sich selbst erweitern können.

2. Herkunft der Pferde

Die folgenden Informationen habe ich nach dem aktuellen Stand der Wissenschaft bzw. Literatur und Büchern und meinem persönlichen Wissen darüber zusammengestellt.

2.1 Abstammung der Unpaarhufer und Primaten

Die Bezeichnung „Pferd“ soll nach Auskunft der Philologen abgeleitet sein von dem spätlateinischen „Paraveredus“ (Extrapostpferd). Besonders in der nördlichen Hälfte Deutschlands ist dieser Name allgemein üblich geworden. In mittelhochdeutschen Handschriften findet man häufig die Bezeichnung „Ross“ (englisch: horse), die auch heute noch in Österreich und in Bayern benutzt wird. Zwischen dem norddeutschen „Pferd“ und dem süddeutschen „Ross“ hält sich in der Mitte (im fränkischen Sprachraum, Hessen, Thüringen und Teilen von Rheinland-Pfalz und Baden-Württemberg) die Benennung „Gaul“. Das erinnert an das lateinische Caballus, wird aber sprachwissenschaftlich nicht davon hergeleitet. Im Mittelhochdeutschen ist „gul“ als Schimpfwort für ein männliches Tier, aber auch für ein Pferd beschrieben. Das Wort Gaul hat heute zumeist einen etwas verächtlichen Beiklang. Darüber hinaus gibt es noch eine Reihe von heutzutage wenig benutzten Benennungen für bestimmte Pferdegruppen. Das Wort „Pony“ für ein kleines Pferd (unter 148 cm Stockmaß) kommt erst seit dem 17. Jahrhundert vor, zunächst aus dem französischen poulenet oder poulain (= junges Pferd), das wiederum von lateinisch pullus, später pullanus (= junges Tier) abzuleiten ist. Man ist versucht, auch die Bezeichnung „Fohlen“ hiervon abzuleiten, aber die ist älter und kommt als „Folon“ schon in den Merseburger Zaubersprüchen (wohl 10. Jh.) vor. „Mähre“ steckt in Marschall ebenso wie in Marstall, hat aber heute, ebenso wie „Klepper“ im Deutschen, einen abwertenden Beiklang. Im Englischen nennt man ein weibliches Pferd ganz unbefangen „mare“, ein heranwachsendes weibliches „filly“, ein männliches hingegen „colt“. Zu erwähnen ist dann noch der „Zelter“ in Schriften des späteren Mittelalters. Das Wort orientiert sich wohl an der Fortbewegung: dem Tölt.

Das Wort „**Reiten**“ ist altgermanisch, wohl indoeuropäischen Ursprungs, englisch ist „ride“ weniger spezifisch als das Wort im Deutschen. Es meint ursprünglich jede Art von Fortbewegung, auch fahren oder gehen und reisen! Es steckt in dem heute kaum noch gebrauchten Wort „Reisiger“ und hat wohl zu tun mit englisch „road“. Erst nachträglich, jedenfalls um das Jahr 1500 kommt mit „reutherei“ eine spezielle Bedeutung auf, eben die Fortbewegung mit Pferden. Im Lateinischen fehlt ein passender Begriff, für Fortbewegung mit Pferd ist „equo vehi“ recht umständlich und hat sich nicht gehalten.

Pferde im weitesten Sinne gehören zu denjenigen Huftieren, die ihr Gewicht nicht auf zwei gleich großen, dicht nebeneinander stehenden Hufen tragen, sondern als „Unpaarhufer“ die mittlere, dritte Zehe bevorzugen, wobei die benachbarten 2. und 3. Zehen nicht ausgeschlossen sein müssen (Krumbiegel 1958). Das haben sie mit den heutigen Nashörnern und mit den Tapiren gemeinsam, während alle Hirsche, Hornträger, Kamele und Flusspferde „Paarhufer“ sind. Die Pferde, Hirsche, Antilopen, Kamele und Giraffen haben trotz des unterschiedlichen Fußbaues viele Merkmale im Körperbau gemeinsam, die ihnen sowohl das oft beachtete sehr schnelle Rennen als auch das für das Überleben wohl viel wichtigere ausdauernde Wandern über unglaublich lange Strecken von 30 bis 100 km am Tag erlauben. Diese Tiere werden „Lauftiere“ (Cursorial animals) genannt. Zu den Lauftieren zählen auch die meisten Hundeartigen und der Gepard aus der Verwandtschaft der Katzen. Auch die Hasen (Leporiden) und den Mara aus den südamerikanischen Pampas kann man dazu rechnen. „Lauftier“ ist eine Funktionsbezeichnung und absolut keine phylogenetische und damit taxonomische Einheit.

Der **Stammbaum** der Pferde (**Abb. 1 a**) kann in Nordamerika lückenlos durch fast das gesamte Tertiär-Zeitalter, also über 58 Millionen Jahre verfolgt werden (Simpson 1951, MacFadden 1992, Denzau & Denzau 1998). Das Buch von Simpson gilt als Musterbeispiel für die Evolutionslehre. Auch in Europa sind sehr alte Funde aus dem Eozän zwischen 50 und 35 Millionen Jahren Alter gehoben worden (Messel, Geiseltal), die sich durch ihren unglaublich guten und detailreichen Erhaltungszustand auszeichnen (Franzen 2009). Die älteren Vorläufer, die also nicht immer nur auf Nordamerika beschränkt waren, haben mit unseren Pferden wenig gemein, auch wenn sie gemeinhin als „Urpferdchen“ bezeichnet werden. Sie waren mit 5–7 kg und 35 kg so groß wie ein kleinerer oder mittlerer bis großer Hund und bewegten sich wohl ähnlich wie heutige Ducker (Preuschoft & Franzen 2012) oder sehr kleine Tapire. Wie diese lebten sie auch von Blättern, vielleicht von frischen Trieben oder von Früchten. Wirklich pferdeähnliche Tiere gibt es erst seit dem Miozän und später, also vor ungefähr 15 Millionen Jahren. Es handelt sich bei ihnen um „Merychippus“ und später vor allem um die den Pferden durchaus ähnlichen Hipparionen. Diese Tiere besaßen die pferdetypischen hohen Zahnkronen, die für das Zerreiben von faserreichen Gräsern geeignet sind. Sie hatten auch an jeder Gliedmaße noch drei Hufe. Ob die auch beim Stehen oder Gehen den Boden berührten und Gewicht trugen, wird diskutiert. Sie lebten bereits in den Grasländern, die sich mit dem trockeneren und weniger warmen Klima in der zweiten Hälfte des Miozäns ausbreiteten. Im Pliozän, seit ungefähr 3,8 Millionen Jahren, werden die Hipparion-Arten dann von den echten Pferden verdrängt (MacFadden 1992). Als Geschöpfe der offenen Grasländer breiteten sie sich von Nordamerika aus über den größten Teil der Alten Welt aus, d. h. über Europa, Afrika und Asien. In allen geographischen Bereichen bildeten sich unterschiedliche Formen aus. Man kann heute in Asien, Europa und Nordafrika unterscheiden zwischen den echten Pferden, die etwas mehr Feuchtigkeit und kälteres Klima ertragen, und den Eseln, die auch die allerhärtesten, trockensten und heißesten Gebiete besiedeln. Über die Wildesel ist das gründlichste und weitaus am besten illustrierte Buch das von Denzau & Denzau (1998). Auch in dem weitgehend von der übrigen Welt isolierten Südamerika hat sich zu einem späten Zeitpunkt eine Gruppe von ebenfalls einhufigen „Scheinpferden“ (Simpson 1951: *Hippidion, Thoratherium*) entwickelt, parallel zur Evolution der Pferde. Die Ausbreitung der Pferde in Europa, Asien und Afrika datierten Rook et al. 2019 auf 2,6 Millionen Jahre vor

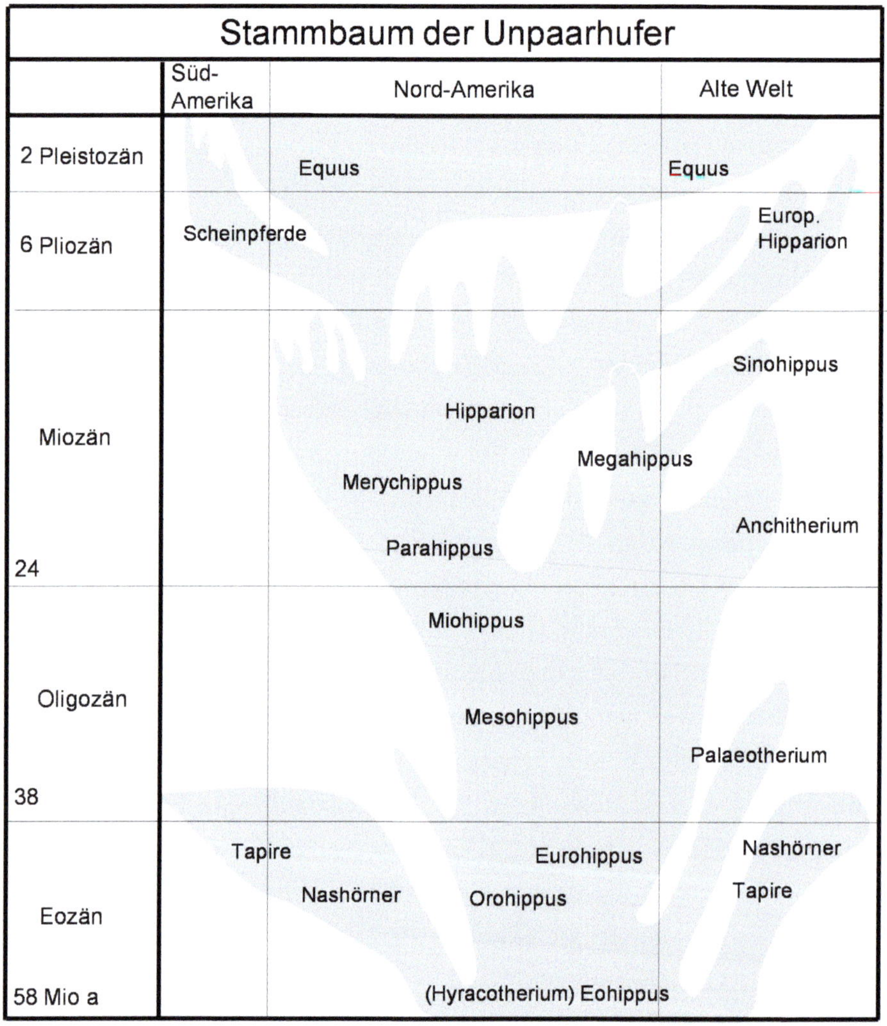

Abb. 1 a Stammbaum der Unpaarhufer. Sehr früh haben sich die Tapire, Nashörner und nur fossil bekannte Formen von den Pferden abgespalten, deren Stammbaum in Nordamerika als Musterbeispiel der Evolution gilt. Die Tapire und die Verwandten der Nashörner kamen sowohl in der Alten als auch in der Neuen Welt vor, werden aber hier nicht weiter verfolgt. Unter Benutzung von Daten in Mac Fadden 1998, Denzau & Denzau 1998 sowie Preuschoft & Franzen 2012 neu gezeichnet.

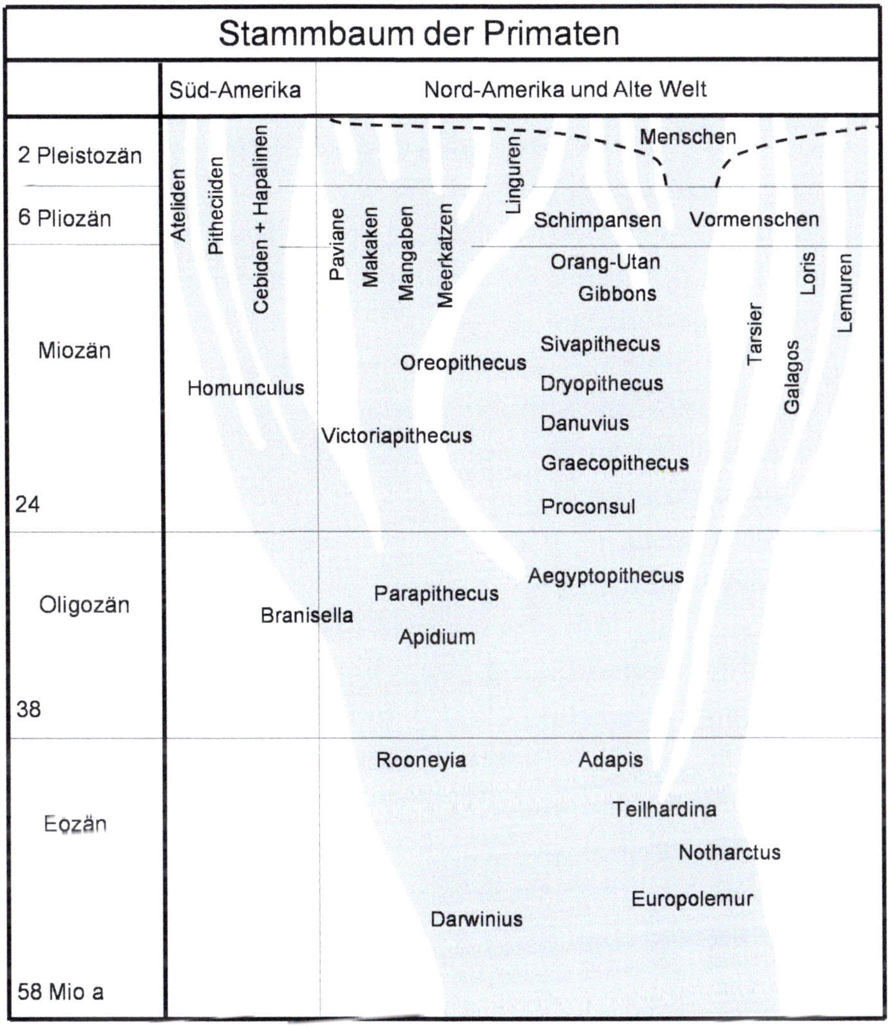

Abb. 1 b Stammbaum der Primaten. Viele der Trennungen sind hypothetisch, besonders im Hinblick auf die Zeit. „Alte Welt“ schließt hier auch Nordamerika ein, wo zahlreiche Primaten aus dem Eozän gefunden worden sind, im Oligozän, Miozän und Pliozän jedoch nicht. „Schimpansen“ umfasst auch die Gorillas. Von den Fossilien sind nur einige besonders wichtige eingetragen. Unter Benutzung von Daten aus Rosenberger 2020 & 2023 neu gezeichnet.

heute. Das ist sehr nahe an der Zeit, in welcher die Gattung *Homo* ihre heute noch gültige Gestalt annahm (Walker & Leakey 1993).

Dem Stammbaum der Pferde habe ich hier den Stammbaum der Primaten gegenübergestellt, um auch die Entstehung des Menschen zu zeigen und den Aspekt Pferd *und* Mensch zu berücksichtigen.

Im Stammbaum der Primaten (**Abb. 1 b**) ist die frühe Abspaltung der Neuwelt-Affen zu beachten sowie die spärliche Überlieferung von Altwelt-Affen, die sichtlich auf Kosten der im Miozän und Pliozän sehr formenreichen „Menschenaffen" geht. Auffällig ist auch die früh einsetzende Sonderentwicklung der Tarsier neben den „Strepsirrhinen". Diese Tiere treten – grob gesagt – ökologisch als sehr kleine, phänomenal springende „Halbaffen" in Asien an die Stelle der auf Afrika beschränkten Galagos. Die verschiedenen Primaten reichen bis in die Gegenwart, werden aber überall bedrängt durch die überaus schnelle Ausbreitung und Vermehrung der Menschen. Sowohl die Menschen wie auch die modernen Pferde haben sich im frühen Pleistozän rasch über die ganze Welt ausgebreitet.

Die **Menschen** entwickelten sich also etwa zur selben Zeit wie die Pferde (**Abb. 2 b**), im Pliozän und Pleistozän. Beides mag auf die Verbreitung der mit Gras bewachsenen Ebenen mit nur begrenzten Bauminseln und ausreichend viel Wasser, eben auf die offenen Savannen zurückgehen. Jedenfalls sind die körperlichen Merkmale bei beiden Formen als Spezialisierung für ausdauernde Fortbewegung über lange Strecken auf relativ ebenem, tragfähigem Grund zu verstehen.

2.2 Wild lebende Pferde

Alle heute noch lebenden **wilden Equiden** (**Abb. 2**) gelten als bissig und schwer zu zähmen. Trotzdem wurden bereits vor 7000 Jahren in Nordkenia und im Horn von Afrika Esel domestiziert (Todd et al. 2022). Aus Abydos (Mittelägypten) kennt man eine Grablege von zehn Eseln in unmittelbarer Nähe eines

a Bernard Dupont from France, CC BY-SA 2.0https://commons.wikimedia.org/wiki/File:Cape_Mountain_Zebra_(Equus_zebra_zebra)_(31755788913).jpg

b Flickr user Rui Ornelas, CC BY 2.0 https://commons.wikimedia.org/wiki/File:Burchell%27s_Zebra_(Etosha).jpg

c Rainbirder, CC BY-SA 2.0 https://commons.wikimedia.org/wiki/File:Grevy%27s_Zebra_Stallion.jpg

d Ericj, CC BY-SA 3.0 https://commons.wikimedia.org/wiki/File:Equus_africanus_somaliensis_2_(cropped).jpg

e Abhinava1998, CC BY-SA 4.0 https://commons.wikimedia.org/wiki/File:Kiang_In_its_habitat_(cropped).jpg

f Ancalagon, CC BY-SA 3.0 (Bildausschnitt) https://commons.wikimedia.org/wiki/File:France_Loz%C3%A8re_Causse_M%C3%A9jean_Chevaux_de_Przewalski_17.jpg

Abb. 2 Wild lebende Pferdeverwandte (Quelle Wikipedia): **a** Bergzebra, **b** Damara Zebra, **c** Grévy Zebra, **d** afrikanischer (somalischer) Esel, **e** Kiang als Beispiel für asiatischen Esel **f** Przewalski-Pferd.

Pharaonen-Grabes. Die Tiere waren so groß wie die Wildformen und noch nicht klein wie die Mehrzahl der späteren Haustiere. Während die Hybriden aus den Wildequiden in aller Regel unfruchtbar sind, lassen sich *E. przewalski* und *E. caballus* ebenso fruchtbar kreuzen wie Hausesel und afrikanische Wildesel (Ahrens & Stranzinger 2005). Bei den Wildequiden unterscheidet man Zebras, Wildesel und echte Wildpferde.

Unter den **Zebras** in den Savannen Afrikas südlich der Sahara gibt es das südafrikanische Bergzebra (**Abb. 2 a**). Von der großen Gruppe der Steppenzebras oder „Bontequaggas" ist das südafrikanische Damara-Zebra (Abb. 3 b) abgebildet. In diese Gruppe gehört in Ostafrika das Boehm-Zebra, das gleichmäßig breite, kontrastreiche Streifen trägt (nicht abgebildet). Das schmal gestreifte, tütenohrige, große Grévyzebra findet man im Norden von Kenia (**Abb. 2 c**). Diese letzte Gruppe ist in den letzten Jahren rar geworden, weil sie den rinderzüchtenden Nomaden angeblich Konkurrenz macht. Das gemeinsame Merkmal aller Zebras ist die Streifung, die wohl damit zu tun hat, dass eine kontrastreiche Zeichnung Krankheiten übertragende Fliegen vom Stechen abhält (Caro et al. 2014).

Die **Afrikanischen Wildesel** gehören in die Wüstensteppen Nordafrikas. In historischer Zeit, also im 19. und frühen 20. Jahrhundert kamen sie noch in Somalia (**Abb. 2 d**; mit Beinstreifen) und in Nubien (mit Schulterkreuz) vor. Ob es heute noch wild lebende Exemplare außerhalb von Naturparks gibt, ist zweifelhaft. Die heutige Hausesel entstammen diese Linie.

Die **Asiatischen Wildesel** – manchmal auch als Halbesel (vergleichsweise kürzere Ohren als die afrikanischen Esel) bezeichnet – werden je nach Herkunft Onager, Dschiggetai, Kulan, Khur oder Kiang (**Abb. 2 e**) genannt, wobei der zuletzt genannte aus den Hochsteppen Tibets wohl die größte und pferdeähnlichste Variante darstellt, vielleicht sogar eine eigene Art. Viele Lokalformen sind trotz ihrer früher weiten Verbreitung heute ausgerottet, andere leben nur noch in sehr eingeschränkten Gebieten.

Die Przewalski- oder „mongolischen Urwild"-Pferde sind die **Wildpferde** im engsten Sinne (**Abb. 2 f**), die bis auf wenige Zuchtgruppen in Zoos erst im

20. Jahrhundert ausgerottet worden sind und sich jetzt in geschützten Gebieten gut erholen.

Die Sozialverbände, in denen Wildequiden leben, sind nach den Erhebungen von Klingel (1986) verschieden und erinnern manchmal an die Verhältnisse bei anderen Steppentieren. Bei den Przewalski-Pferden und bei den Steppenzebras bleiben die heranwachsenden weiblichen Tiere meistens wie bei den Elefanten zunächst bei den Müttern, unter denen fällt dann einem älteren Individuum die Rolle der Leitstute zu, welche den Aufenthaltsort und den Weg dorthin bestimmt. Erwachsene Hengste – bei den Steppenzebras in der Regel aus der gleichen Familie – schließen sich diesen Gruppen an und bleiben lange bei ihr („Haremsgruppen"). Sie umkreisen recht spektakulär die Herde und vereinzelte Beobachtungen geben Anlass zu der Vorstellung, dass sie die Gruppe tatsächlich verteidigen, gegen andere Hengste oder gegen Fressfeinde. Wer einmal den ernst gemeinten Angriff eines Pferdes auf einen großen Hund gesehen hat, weiß, wie gefährlich dieser lebt. Sowohl der Zugriff mit den Zähnen des Pferdes als auch ein Schlag mit den Vorderhufen kann verheerende Folgen für den Hund haben. Besonders jüngere Stuten wie auch jüngere Hengste wechseln häufig die Gruppe, aber auch erwachsene Stuten können das tun. So ist für den Austausch von Genen gesorgt. Die einzelnen Gruppen können sich zu sehr zahlreichen Herden zusammenschließen, die aber nie von Dauer sind. Während sich die auswandernden Stuten zumeist anderen Gruppen oder auch Hengsten anschließen, bildet der männliche Nachwuchs reine Hengstgruppen, bis er ein reifes Alter erreicht hat.

Die männlichen asiatischen als auch die afrikanischen Wildesel und die Grévy-Zebras besetzen und vereidigen entschlossen ein Territorium, durch das die Stuten auf der Suche nach Nahrung oder Wasser streifen müssen. Mit diesen Stuten bandeln die territorialen Hengste an. Ganz ähnliches Verhalten findet man bei vielen Antilopen der Steppe. Es hat offenkundig mit der Möglichkeit zu tun, rare Ressourcen zu monopolisieren (wie Wasser, oder ergiebige Weidegründe). Die ein Territorium besitzenden Hengste sehen sich in der Regel als gleichrangig an, Ausfälle werden aus den reinen Hengstgruppen aufgefüllt, die es hier ebenfalls gibt. Die Beziehungen der Hengste innerhalb der eingeschlechtlichen Gruppen sind nicht bekannt.

Kämpfe zwischen den Hengsten können dicht am Boden stattfinden („Kampfkreiseln", wobei die Kontrahenten versuchen, die Carpalgelenke oder in die Sprunggelenke zu beißen, und sich als Verteidigung niederknien oder hinsetzen) oder, oft als Steigerung, hoch auf die Hinterbeine erhoben, während sie sich mit Zähnen und Vorderhufen bearbeiten. Klingel (1972 & 1986) weist darauf hin, dass es hier nicht um das Verletzen oder gar Töten geht, sondern um Gleichgewicht: Wer es verliert, flüchtet und wird nur eine kurze Strecke verfolgt.

Nachdem die echten Wildpferde seit ihrer späten Entdeckung (zwischen 1880 und 1890) allgemein bekannt geworden sind, hat man in ihnen die ursprünglichen **Vorläufer der Hauspferde** gesehen, zumal sie den eiszeitlichen Darstellungen gleichen (Mohr 1959). Diese Ansicht hat sich weitgehend gegenüber einer älteren Interpretation der nicht allzu ergiebigen Reste durchgesetzt, nach welcher es einen europäischen Vorfahren gegeben haben soll, den „**Tarpan**", der bis ins frühe 19. Jahrhundert in Polen, der Ukraine und Südrussland lebte. Das wohl letzte Exemplar eines Tarpans fiel 1876 in den Dnjepr-Steppen einer Stafettenjagd der lokalen Bevölkerung zu Opfer. Molekularbiologischen Befunden nach war der Tarpan ein verwildertes Hauspferd. Es gibt auch eine Reihe von Berichten über Mischlinge zwischen „Wild"pferden und „Haus"pferden (Mohr 1959), die eine Einschätzung der Przewalski-Pferde erschweren.

Angesichts der Schwierigkeiten in der Deutung morphologischer Merkmale richteten sich viele Hoffnungen auf die neuen Verfahren der Molekularbiologie. Diese Versuche, mehr Licht in die Wirrnis aus Meinungen zu bringen, waren bislang auch nicht allzu überzeugend. Gaunitz et al. 2018 sehen die Przewalski-Pferde als Abkömmlinge, nicht als Vorfahren der Pferde. Bei Mitochondrien-DNA Untersuchungen fanden sich so große Unterschiede zwischen den Haus- und den Wildpferden, dass sie eine Trennung der Stammlinien vor mehr als 100.000 Jahren annahmen. Andere Untersucher hingegen blieben bei der Annahme einer Abstammung von früh-holozänen Wildpferden (Sommer et al. 2011 & Sommer 2020).

Ein großer Überblick über die Genome von Dutzenden verschiedener Pferderassen brachte die Przewalski-Pferde mitten in der beobachteten Variation unter (Librado et al. 2007). Ein interessantes Ergebnis dieser Autoren besteht auch darin, dass der gesamte Pferdebestand Europas und Asiens so um 3000 oder 3500 Jahren vor heute fast vollständig durch eine einzige Linie ersetzt wurde, die aus dem russisch-ukrainischen Steppengebiet stammt. Diese Tiere tauchen erstmals mit den ältesten Nachweisen von zweirädrigen Speichenrädern an sog. „Streitwagen" im Rahmen der Sintasha-Kultur auf, die vor ca. 4000 Jahren bestand. Die Pferde sind ausgezeichnet durch den Besitz bestimmter Gene, die auch beim Menschen vorkommen und die dort einhergehen mit geringerer Anfälligkeit für Rückenschmerzen und für mehr Bereitschaft zu Gefügigkeit und zum Lernen. Ausgenommen von dieser Ausbreitung ist die Iberische Halbinsel, auf der sich ältere Abstammungslinien hielten.

Menschen und Pferde fanden somit im vierten bis fünften Jahrtausend enger zueinander. Im nächsten Kapitel wird diese Entwicklung bis zur Neuzeit beschrieben.

3. Geschichte der Pferde und des Reitens

Die Kulturgeschichte des Menschen ist eng an die Verwendung der Pferde gekoppelt. Die Domestikation ist gegen Ende der Jungsteinzeit nachgewiesen. Bis zum Beginn des 20. Jahrhunderts war das Pferd ein Instrument kriegerischer Auseinandersetzungen und prägte den Erfolg ganzer Völkergruppen. In der Barockzeit entwickelten sich viele der noch heute gültigen Regeln der Reiterei.

3.1 Altsteinzeit

Die Menschen der **jüngeren Altsteinzeit** vor 30.000 bis 10.000 Jahren hatten offensichtlich viel mit Wildpferden zu tun, es gibt viele Höhlenmalereien, die Pferde zeigen, sowie Pferdeplastiken (Braun & Zessin 2012). Man nimmt allgemein an, dass die Pferde vor allem als Jagdbeute dienten. Das legen die Steilhänge von Solutré nahe, in deren Nähe meterdicke Schichten von Pferderesten gefunden worden sind.

a https://commons.wikimedia.org/wiki/File:4_Pferd_Vogelherd_Kopie.jpg

b

Abb. 3 a Pferdeplastik vom Vogelherd aus Mammut-Elfenbein, **b** Aus Knochen geschnitztes „gezäumtes“ Pferd aus der Grotte St. Michel in den französischen Pyrenäen (White 1993).

Dass die Steinzeitmenschen auch von der Schönheit der Pferde beeindruckt waren, geht aus der kleinen Elfenbeinschnitzerei hervor, die an der Vogelherd-Höhle in Süddeutschland ausgegraben wurde (**Abb. 3 a**). Sie zeigt den hochgewölbten Hals eines Hengstes im Imponierverhalten, mit angelegten Ohren. Die früheste Haltung von Pferden (Fundstelle Botai, Zentralasien) diente allem Anschein nach nur der Produktion von Milch und Fleisch. Die Tiere waren nach molekularbiologischen Befunden den Przewalski-Pferden sehr ähnlich. Die Schlachtung von Pferden ist noch durch mongolische Miniaturen aus dem 16. und 17. Jahrhundert dokumentiert.

Zwei Funde werden immer wieder als Beweis für eine frühe Haltung von Pferden angeführt: die Pferdedarstellungen in der Höhle von Pèche-Merle sowie eine kleine altsteinzeitliche Schnitzerei eines Pferdekopfes aus den Pyrenäen, die ganz klar eine gedrehte Schnur um Nase und Unterkiefer sowie an den Kopfseiten bis hinter den Ohren zeigt (**Abb. 3 b**). Die Höhlenmalerei von Pèche-Merle stammt ebenfalls aus der Altsteinzeit (> 13000 Jahre) und zeigt ein Pferd, das nicht die in Höhlenmalereien übliche Braunfärbung an Kopf, Hals und Rücken mit hellem Gelb an der Bauchseite aufweist, sondern dunkle Tupfen auf hellem Grund. Das wird oft als Beweis für das Auftreten von neuen Farben gesehen und mit der Haltung in menschlicher Obhut erklärt. Dazu könnte passen, dass Pruvost et al. 2011 bei sechs von 31 paläolithischen Pferderesten aus Westeuropa Gen-Kombinationen fanden, die mit der Pantherscheckung verbunden sind. Auch die scheint, ebenso wie die Streifung der Zebras, eine abschreckende Wirkung auf Blut saugende Fliegen zu haben (Caro et al. 2014).

3.2 Jungsteinzeit

Die Zeit der ersten **Domestikation** von Pferden in geringem Umfang ist recht zuverlässig auf das späte sechste und das frühe fünfte Jahrtausend vor heute bestimmt (Sánchez-Villagra 2022). Diese Phase gehört noch zur Jungsteinzeit, es wurde aber auch schon Kupfer verwendet, deshalb gibt es auch die Bezeichnung „**Aeneolithikum**" oder „Chalkolithikum" = Erzsteinzeit. Damit wären die Pferde später in den Haustierstand überführt worden als die Esel. Als Ort der ersten dauernden Haltung werden immer die südrussischen, ukrainischen Steppengebiete sowie diejenigen zwischen Schwarzem und Kaspischem Meer angegeben (Herre & Röhrs 1990), es könnte aber durchaus auch noch ein zweites Zentrum in Spanien, südlich der Pyrenäen gegeben haben (Achilli et al. 2012).

Um die weitere Geschichte ihrer Domestikation zu verstehen, muss man weit, bis zur Besiedelung durch Menschen, ausholen: Die erste menschliche, aus dem Kleinasien und dem Raum der unteren Donau stammende Population der Bandkeramiker konnten die neolithischen Schnurkeramiker so um 5000 v. Chr. leicht verdrängen. Die kamen aus dem Osten Europas und stellten zwei Drittel der schnurkeramischen Bevölkerung. Sie habe die Pest mitgebracht, wogegen die Einwanderer (die „Yanmaga") teilweise immun waren. Deren Einwanderung vollzog sich auf herkömmliche Weise mit durch Ochsen gezogenen vierrädrigen Wagen. Mit Speichen ausgestattete, einachsige und zweirädrige Wagen der Syntashta-Kultur kommen erst um 2000 bis 1800 v. Chr., also in der frühen Bronzezeit auf. Pferde der Blutlinie DOM2 haben sich gegenüber älteren Linien durchgesetzt. Sie besaßen ein Gen, das auch beim Menschen vorkommt und „Gelehrigkeit" sowie erhöhte Widerstandskraft gegen Rückenschmerzen verursacht. Zwischen 2200 und 2000 v. Chr. erfolgte dann die Domestikation der Pferde in ganz großem Umfang, wahrscheinlich an verschiedenen Orten zur gleichen Zeit: in Anatolien, an der unteren Donau, in Böhmen und in Zentralasien, immer auf der Basis der DOM2-Blutlinie, nicht auf derjenigen von Botai (wo Pferde einer anderen Blutlinie, die den Przewalski-Pferden näherstanden, bereits früher als dauernd verfügbare Lieferanten von Fleisch, Milch und Leder gehalten worden sind). Auf der Iberischen Halbinsel hielten sich Wildpferde bis 44000 Jahre vor heute. Ihre Überlieferung reißt dann ab und wird erst wieder um 2300 Jahre vor heute in der keltischen La Tène-Zeit wieder sichtbar mit DOM2-Pferden.

Bodenfunde sprechen dafür, dass die Glockenbecherleute (4500 bis 4300 Jahre vor heute) den Bogen benutzt haben, der auch die typische Waffe der Pferdekulturen ist. Als die älteste „Reiter“-Kultur wird heute die der **Jamnaga** (oder Grubengrabkultur) angesehen, von der in Zentralasien (Kasachstan) Siedlungen und Begräbnisstätten („Ockergrab-Kultur“) ausgegraben worden sind, wo sie die älteren Kulturen ablösten. Es ist jedoch keineswegs sicher, dass die Jamnaga zur Zeit ihrer Ausbreitung nach Westen überhaupt schon Pferde geritten oder gefahren haben. Daten über die genetische Ausstattung der Pferde (Librado 2007) sprechen dagegen, Untersuchungen an menschlichen Skeletten (Trautmann et al. 2023) dafür.

Man hat Pferdeschädel in Derijiwka (am Dnjeper, heutige Ukraine) und im Bereich der Botai-Kultur (s. o.) aus der frühesten Phase der mutmaßlichen Domestikation gefunden, die Schliffspuren an der Vorderkante des vorderen Backenzahns erkennen lassen. Das wird als Beleg dafür gedeutet, dass Gebisse aus vergänglichem Material verwendet worden sind. Der Befund wurde durch Anthoney & Brown (1991) erhärtet. Funde aus der Mongolei und aus den Prärien Nordamerikas machen (Taylor & Running Horse Collin, 2023) wahrscheinlich, dass die Nutzung von Pferden an ganz verschiedenen Orten um etliche Jahrzehnte, wenn nicht Jahrhunderte früher stattgefunden hat als dokumentiert ist. Sehr vollständige und gut belegte Angaben über die frühe Domestikation finden sich bei Vincelette (2023).

3.3 Bronzezeit

In der Mitte, wahrscheinlich sogar schon zu Beginn des vierten Jahrtausends vor heute, also in der **Bronzezeit**, blühte die Verwendung von Pferden als schnelle Zugtiere von leichten, zweirädrigen **Streitwagen** auf (Fansa & Burmeister 2004, Guimares et al. 2020). Die frühe Bronzezeit war also eine Phase bedeutender Umbrüche auf verschiedenen Gebieten. Es spricht vieles dafür, dass die Verbreitung der Streitwagen mit der Ausbreitung der indoeuropäischen Sprachen zu tun hatte. Im Nahen Osten, in Ägypten und im Mittelmeerraum hat man viele Darstellungen aus jener Zeit gefunden. Diese Streitwagen blieben zumindest im äußersten Westen (auf den britischen Inseln bis zur römischen Eroberung im ersten und zweiten Jahrhundert unserer Zeitrechnung) und weit im Osten, in China zur Zeit der Qin-Dynastie, bis gegen Ende der Jahre um 2300 vor heute in Gebrauch. Meistens sind zwei, manchmal auch vier Pferde vorgespannt. In Verbindung mit den schnellen und wendigen zweirädrigen „Streitwagen" wurden die jetzt mehrfarbigen Pferde (Librado et al. 2017) zum dominierenden Mittel der Kriegsführung, ausführlich beschrieben in dem Text von Kikkuli aus dem Reich Mitanni, der für ägyptische Arbeitgeber geschrieben hat. Es gibt eine anhaltende Diskussion, ob die frühesten Gespanne vielleicht aus Halbeseln oder Hybriden, jedenfalls nicht aus Pferden gebildet worden sind. Im nördlichen Zweistromland sollen Hybriden aus Afrikanischem Esel + Asiatischem Halb-Esel („Kungas") angespannt worden sein. Diese Hybridisierung ist inzwischen durch molekularbiologische Verfahren bestätigt (Bennett et al. 2022). Sie setzt voraus, dass beide Formen im Haustierstand verfügbar waren. Die meisten der vor Streitwagen gespannten Pferde, etwa auf ägyptischen oder mesopotamischen Flachreliefs, sind klein, sehen aber gar nicht aus wie Ponys, sondern sind grazil und elegant geformt. Auf griechischen Vasenmalereien sind (stets von Pferden gezogene) Streitwagen viel häufiger abgebildet als Reiter (Schertz & Stribbling 2017). Nach allgemeiner Meinung war die Nutzung von Streitwagen verbunden mit einer privilegierten adligen Klasse von Kriegern (Wiesner 1939).

3.4 Eisenzeit

Vor etwa 2800 Jahren wurden dann die Streitwagen schnell abgelöst von gerittenen Pferden. Das **Reiten** war schon im alten Ägypten bekannt, aber wenig bedeutsam. Die ältesten Darstellungen kann man so verstehen, dass die Reiter weit hinten, auf der Kruppe gesessen haben und ihre Beine hinter dem Bauch herabhängen ließen. Jedenfalls wurde dieser Sitz sehr bald abgelöst von der Platzierung auf dem vorderen Teil des Rückens, mit den Beinen hinter der Schultermuskulatur auf den mittleren, nur wenig gekrümmten Rippen. Die Bewaffnung der **Reiter** mit dem Reflexbogen und dreikantigen Pfeilspitzen gehört zu den weit verbreiteten Charakteristika der Reiternomaden im Osten von Europa und in Westasien. Eine entsprechende Ausrüstung ist sehr vollständig durch assyrische Reliefs überliefert. Die typischen dreikantigen Pfeilspitzen fand man in den Mauern von assyrischen Festungen im nördlichen Zweistromland der Spätzeit, wo sie den Übergang zu einer neuen Kultur markieren (Clutton-Broock 1992). Sie blieben übrigens mindestens bis in unsere Barockzeit (z. B. Belagerung von Wien 1683) bei den Türken in Gebrauch, vielleicht auch noch länger.

Sehr wichtig waren Pferde und das Reiten auch bei den Kelten der Zeit nach 2800 (Hallstatt-Zeit) und besonders vor 2400 bis 2000 Jahren in der La Tène-Zeit bis zur römischen Eroberung. Da die Fähigkeit zu alternativen Gangarten mit der Variante A des Genes DRMT3 verbunden ist, lässt sie sich weit (bis beinahe 10.000 Jahre) in die Vergangenheit verfolgen. Dieses Gen kommt bei keltischen und bei skythischen Pferden oft vor. Vincelette (2023) macht geltend, dass ein genau gezielter Pfeilschuss oder Lanzenstoß von den ruhigeren Bewegungen des Tölt viel leichter möglich ist als vom Galopp aus. Diese neue Arbeit ergänzt Versuche von Junckelmann (1991) und Kassai (1980), die den Waffengebrauch im Galopp untersuchten.

Schon bei **Homer** ist die Rede vom „rossenährenden Thessalien". Nach Homers Zeit war die griechische Kultur überaus expansiv und beherrschte in der Zeit zwischen ca. 2600 oder 2500 Jahren vor heute und vor der ebenfalls hellenistisch bestimmten Blütezeit Roms die bekannte Welt. Das lag zum Teil an der Strahlkraft der Kultur und der Sprache, zu einem Teil, besonders in der Zeit von 2500 bis 2100 vor heute, auch an der Stärke ihrer Infanterie, deren Hopliten sich zu einer unüberwindlichen Phalanx ordneten, die bei allen Gegnern gefürchtet war und erst von der römischen Manipel-Ordnung überwunden und abgelöst wurde. Reiterei war keineswegs ihre Stärke. Deshalb sind die viel gerühmten **Griechen** eher nicht als Vorbild für Reiter geeignet. Die Pferde von dem bekannten Parthenon-Fries machen oft Dinge, die einem Reiter wenig Freude bereiten (Kopf hoch bei durchgedrücktem Hals, Maul offen). Es gibt Funde von schauderhaften Gebissen, die offenbar wirklich den Pferden ins Maul gelegt wurden. Gekonnter Umgang mit Pferden war in jener frühen Zeit den Persern vorbehalten, wie auch aus den Schriften des heute als „Reitmeister" verehrten Griechen Xenophon (1959, 1962 a und b) hervorgeht. Er hat vor weniger als 2400 Jahren die heute viel beachteten Bücher verfasst („Über die Reitkunst", „Der Reiteroberst"), aber eben auch den Zug der Zehntausend („Anabasis") vom Zweistromland quer durch Kleinasien, endend am Schwarzen Meer („Thalassa! Thalassa!") beschrieben. Seine Schriften (Otte 1994) sind es wert, beherzigt zu werden, aber sie beschreiben keineswegs den tatsächlichen Zustand der Reitkunst im alten Griechenland. Man sollte ihn genau lesen. Aus allen Büchern ist ersichtlich, wie sehr er die persischen Pferde und deren Ausbildung zu schätzen wusste. Immer wieder findet man Hinweise auf die Fähigkeiten der Perser, nicht aber der Griechen im Umgang und in der Ausbildung von Pferden. Seine oft gepriesenen Empfehlungen über den Umgang mit Pferden dürften deshalb auch aus persischer Quelle stammen. Xenophon hat sich selbst mit Beutepferden aus persischer Herkunft versehen, wo er nur konnte. Wie diese persischen Pferde ausgesehen haben, ist schwer zu sagen, weil sich die Schriftquellen dazu ausschweigen. Es gibt nur die Darstellungen von Pferden in der Empfangshalle des Königs in Persepolis: Klein (der führende Meder oder Sake kann mit seinem rechten Arm über den Rücken greifen), kräftig, ebenmäßig, hoch aufgerichtet gehen sie mit gewölbtem Hals „am Zügel".

Über das Aussehen der Pferde im griechisch bestimmten Altertum, auch in Etrurien geben zahlreiche klassische Abbildungen auf Vasen, Trinkschalen und Vorratsgefäßen sowie die berühmten Darstellungen auf dem Parthenon-Fries Auskunft. Die auf Keramik gemalten Pferde sind ganz überwiegend vor zweirädrige Streitwagen gespannt, nur selten werden sie geritten. In allen Fällen sind sie, gemessen an der Größe ihrer Menschen, recht klein, allenfalls mittelgroß. Ihr Körperbau entspricht heutigen Vorstellungen von einem edlen Reitpferd. Das hat Anlass gegeben, in ihnen die Ahnen der „orientalischen" Pferde zu sehen. In den älteren „korinthischen" Darstellungen gibt es Pferdeabbildungen mit kurzer (wahrscheinlich geschnittener) Mähne.

In den Steppengebieten verbreitete sich eine durch Pferde geprägte Kultur, die in der griechisch dominierten Welt allgemein mit dem Namen der „**Skythen**" verbunden wurde (Parzinger 2007), in römischer Zeit mit dem Namen der **Parther** im Süden und der **Sarmaten, Illyrer, Daker** im Donaugebiet. Noch weiter im Osten wurden mehrere hundert Jahre später die Verhältnisse durch die „**Mongolen**" bestimmt. Das ist ursprünglich eine Sammelbezeichnung für verschiedene innerasiatische Völker, „die in Zelten wohnen": Uiguren, Tanguten, Kirgisen, Tataren, Kereiten, Naimanen, unter der Vorherrschaft von **Dschingis Khan** (de Ferdinandy 1958) und seinen Erben. Von der Reiterei der Mongolen wird berichtet, dass sie aus Tausenden von berittenen Bogenschützen bestand, aber einen Kern von vermutlich gepanzerten Lanzenreitern („Ulanen") enthielt. Jeder Reiter führte noch zwei bis vier Reservepferde mit sich.

Zahlreiche Gräber aus den ukrainischen Steppen und aus dem Süden Russlands sowie aus den Permafrost-Gebieten enthalten die Reste von Pferden, die wohl als Grabbeigaben geopfert worden sind. Diese Tiere waren z. T. mit einem Stockmaß von 140 cm immerhin mittelgroß. Die wunderbaren, vermutlich von griechischen Künstlern hergestellten plastischen Darstellungen auf Kämmen und Pectoralen zeigen lebendige Szenen aus dem Leben der Steppenbewohner. Die Pferde sind immer klein, aber gut gebaut, nicht zottelig wie heutige Mongolenponys.

Erst zur Zeit **Alexanders des Großen** und der Seleukiden gewann die **makedonische Reiterei** entscheidende Bedeutung. Angeblich hat der Makedonen-König Philipp bereits vor Alexander im Jahr 339 vor unserer Zeitrechnung Pferde aus dem Ferghana-Tal nach Thessalien importieren lassen. Das berühmte, wenn auch recht späte Mosaik der „Alexanderschlacht" gibt Auskunft über das damals angestrebte Idealbild eines Pferdes: gut mittelgroß, kraftvoll und elegant, jedenfalls deutlich größer als in den älteren Darstellungen. Es kommt unseren Vorstellungen von einem gut gebauten Reitpferd sehr nahe. Eine vermutlich gute Information über das Aussehen der Pferde in Mittelasien ist eine Münze des Königs Eukratides I. von Baktrien (s. o.), welche die Dioskuren als Lanzenreiter auf mittelgroßen, sehr kräftigen Pferden zeigt, mit mächtigen Hälsen und stark untergesetzten Hinterbeinen, die ein Abheben der beiden Vorderbeine zulassen, wie es auch auf dem Parthenon-Fries zu sehen ist. Das Abheben der Vorhand vom Boden, oftmals verbunden mit Laufen auf den Hinterbeinen wird noch heute in Menorca gepflegt.

Gar nicht so seltene Bestattungen von Frauen mit dem vollen Arsenal von Waffen geben und gaben seit der Antike immer wieder neuen Anlass zu Erzählungen über „**Amazonen**“ sowie auch zu bildlichen Darstellungen dieser kriegerischen Frauen (Koch & Rölle 2010). Homer erwähnt sie gegen Ende der *Ilias* (Penthesilea), Herodot macht Angaben über ihre Herkunft und Geschichte. Er lokalisiert sie nördlich des Schwarzen Meeres, wozu ihre zumeist skythisch anmutende Tracht in den zahlreichen Darstellungen passt. Ebenfalls sagenhaft sind die **Kentauren**, Mischwesen aus Pferdekörper und menschlichem Rumpf, Armen und Kopf. Sie spielen sehr unterschiedliche Rollen in der Mythologie, von dem heilkundigen Chiron über den lüsternen und verräterischen Nessus (richtig, der mit dem Hemd) bis zu den trunksüchtigen Raufbolden der Lapithenschlacht im Giebelfeld des Zeus-Tempels von Olympia.

3.5 Römerzeit

Im **alten Rom** (200 vor bis 500 nach Beginn unserer Zeitrechnung) galten die Pferde aus Spanien für die Wagenrennen als besonders schnell. Das ist nicht gerade ein überzeugendes Argument für deren enge Verwandtschaft mit den heutigen spanischen und den Berberpferden. Die Römer setzten wie die Griechen auf den militärischen Wert der schwer bewaffneten Infanterie, mit der sie ihr Weltreich eroberten. Die Reiterei der Kriegsführung bestand in dieser

Zeit ganz überwiegend aus Söldnern, die vor allem in Nordafrika (Numidien) oder in Gallien einschließlich Spanien, ab und zu auch in Germanien angeworben wurden. Auf der Marc Aurel-Säule sind Germanen dargestellt in Hosen, knielanger Tunika und Mantel sowie mit Pferden. Diese tragen den Hals in schöner Beizäumung, aber sind sehr klein, ihre Rücken finden sich oberhalb der unteren Rippen der sie haltenden Männer. Das entspricht durchaus den archäologischen Belegen für die verwendeten Pferde aus römischer Zeit (Nobis 1973). Die ausgegrabenen Pferdereste zeigen oft geringe Größe entsprechend einem Stockmaß von 120–130 cm. Daneben gibt es auch größere Individuen, ebenfalls von stämmigem Bau, mit Widerristhöhen von 140–150 cm. Nobis betont die Zweiteilung der Funde und vergleicht sie mit „sehr kleinen Isländern" und mit „Norweger-Ponys". Nach den Persern mit ihrer gefürchteten Kavallerie kamen die **Parther** an die Macht, ein regelrechtes Reitervolk, das die Kunst pflegte, vom Pferd aus bei verstellter „Flucht" mit dem Bogen nach hinten zu schießen und so die Verfolger zu treffen. Sie waren es, die den Römern eine ihrer schwersten Niederlagen bereitet haben: bei Karrhae im Norden Mesopotamiens sind zu Caesars früher Zeit vier Legionen untergegangen.

Die auf die Parther folgenden **sassanidischen Perser** haben eine Kultur entwickelt, die dem europäischen Rittertum außerordentlich ähnlich war. Das geht aus vielen alten Bildwerken hervor. Die von den sehr parteilichen Berichten immer wieder schlecht gemachten „**Hunnen**" waren wohl ursprünglich Reiternomaden in der skythischen Tradition. Zumindest manche unter ihnen besaßen den Augenschnitt, die Nasen und die Orbita- und Hirnschädelform, die in Inner- und Ostasien vorherrschen. Sie haben viel Einfluss auf die **„Goten"**, **„Vandalen"** und **„Alanen"** der Völkerwanderungszeit gehabt (deren ethnische Zusammensetzung immer mehr verschwimmt, je mehr man versucht, ins Einzelne zu gehen, Meier 2020). Die Hunnen waren vor allem mit Pfeilen und Bogen bewaffnet. Die Gefechte entscheidenden Truppen der Goten waren jedoch gepanzerte Reiter mit langen Stoßlanzen, nicht mit Bogen.

Vor den zweirädrigen Wagen, der zusammen mit der „Terrakotta-Armee" des Kaisers Qin Shi Huang Di aus der zweiten Hälfte des Jahres 2300 vor heute gefunden wurde, sind stämmige Pferde gespannt, mit hoch gewölbtem Hals und bodenenger Stellung. Während der Han-Dynastie wurden von China aus in den Jahren 203 und 204 vor unserer Zeitrechnung zwei militärische Expeditionen in das **Ferghana**-Tal (Zentralasien) geschickt, um dort schließlich 30 hochklassige „himmlische" Pferde und 3000 Gebrauchspferde zu bekommen. Das ihnen zugeschriebene „Blutschwitzen" wird heute als Blutungen aus Hautläsionen durch bestimmte Parasiten erklärt, die sich mit dem Schweiß vermischen. Die auf einer Münze des Königs von Baktrien (s. o.) – vielleicht – dargestellten „Ferghana-Pferde" sahen jedenfalls ganz anderes aus als die heute bekannten Achal-Tekkiner, mit denen sie gerne in Verbindung gebracht werden. Das sind eher große, sehr schlanke, drahtige und elegante Pferde mit langem, dünnem Hals. Sie sind noch besonders durch den Metallglanz auf dem Fell ausgezeichnet, der aber aus Abbildungen nicht zu entnehmen ist.

Während der Tang-Dynastie (also vor 1400 bis 1100 Jahren) wurden in China zahlreiche farbige, mit Glasur überzogene Keramik-Pferde angefertigt, oft mit Reitern. Diese Pferde sind – wie die aus der Terrakotta-Armee – immer ziemlich kräftig, mittelgroß, mit mächtigem Hals, aufgebundenem Schweif und – wenn nicht im Galopp dargestellt – bodenenger Stellung, die besonders auf das Untertreten der Hinterhufe zurückgeht.

Es gibt kein Mittel, zu entscheiden, ob die Pferde im alten China wirklich so aussahen, oder ob es sich einfach um eine Mode unter den Künstlern handelt, nach der Pferde eben in dieser Weise abgebildet wurden. Solch einer Mode verdanken wir auch die schönen, wenn auch ganz andersartigen Pferdedarstellungen von den orientalischen Miniaturen aus islamischer Zeit.

Während die Hunnen auf das 4. und 5. Jahrhundert beschränkt blieben, spielten im 7. bis 9. Jahrhundert die Awaren eine Rolle – auch sie ein Reitervolk aus den Steppen Mittelasiens. Ihre Anführer nannten sie mit dem türkischen Wort Kagan. Sie tauchen erstmals bei einer kurzzeitigen und fruchtlosen Belagerung Konstantinopels auf, zogen sich dann nach Norden zurück und gründeten nördlich der Donau ein für längere Zeit stabiles Reich, das erheblichen Einfluss auf die slawischen Völker wie die Proto-Bulgaren hatte. Dieses Awarenreich geriet auch in Konflikt mit den Karolingern bei deren Ausbreitung nach Südosten in das „großmährische Reich". Trotz der Konflikte hat der Westen mehrere Neuerungen von den Awaren übernommen.

3.6 Mittelalter

In **Europa** blieben Pferde – wie in griechischer und römischer Zeit und ganz besonders zwischen der Völkerwanderungszeit und dem Mittelalter – das Reittier einer gehobenen Klasse von **Rittern**, welche die Machtverhältnisse ebenso bestimmten wie die Geistlichen in den Klöstern.

Zusammenstöße beider Arten von Reitern, der orientalischen und der europäischen, endeten durchaus verschieden: Auf dem Lechfeld (im 10. Jh. König Otto I. gegen die „Ungarn") siegten z. B. die Ritter, bei Liegnitz (im Jahr 1204) die Reiter aus dem Osten.

Ziemlich viele Autoren sehen auch in der Auseinandersetzung zwischen den Franken und den über die Pyrenäen vordringenden „Arabern" bei Tours und Poitiers eine solche Begegnung im 8. Jahrhundert. Die beliebte Ausmalung des Treffens ist aber in vielerlei Hinsicht unzutreffend. Vor allem: Wenn einer der Kontrahenten größere Pferde besaß als der andere, dann waren es die Araber, nicht die Franken – einfach weil sie als Muslime Zugang hatten zu den alten Pferdezuchtgebieten in Mittelasien, während die christlichen Franken auf ihre einheimischen Pferde angewiesen waren (lt. Knochenfunden waren die zwischen 120 cm und 135 cm hoch, s. o.). Und die oft imaginierte Panzerung der verwundbarsten Teile des Reiterkörpers durch ein Kettenhemd oder einen Schuppenpanzer war den „Arabern" keineswegs unbekannt, nur eben meistens unter dem stoffreichen Gewand versteckt.

Richtig in Gebrauch kam die **Panzerung** erst später, wie z. B. auf dem Teppich von Bayeux (11. Jh., Stenton et al. 1957) zu sehen. Der Teppich kennzeichnet auch die überraschend schnell erfolgte Spezialisierung des Rittertums in Europa ab dem 11. bis zum 16. Jahrhundert und den Sieg einer berittenen

Truppe über eine Fußarmee. Trotz der beherrschenden Stellung der Ritter im Mittelalter zwischen dem 7. und dem 14. Jahrhundert erfahren wir über deren Pferde nur wenig. Ein Bild über das frühe Mittelalter können wir uns aufgrund des Teppichs von Bayeux machen. Gemessen an der, nach Grabfunden, keineswegs geringen, sondern beträchtlichen (Preuschoft & Schneider 1972) Größe ihrer Reiter waren auch diese Pferde klein. Sie gehen meist im Galopp, oft im Schritt oder alternativen Gangarten (Vincelette 2023), aber auch im Pass, nur sehr selten im Trab und sie sind immer beigezäumt, mit der Stirn-Nasen-Linie zumeist – aber nicht immer – vor der Senkrechten, ohne dass die Zügel etwa gespannt gehalten wurden. Die Füße der Reiter ruhen immer in Steigbügeln, die Zäumungen sind verschieden, manche Einzelbilder geben den Eindruck von Trensen, manche den von Gebissen mit Bäumen.

Die Herkunft guter Pferde als „**Castellan**" wird in Wolfram von Eschenbachs Epos *Parzifal* (Beginn des 13. Jh.) mehrfach gerühmt (Weber 1963). Das Wort ist indessen nicht eindeutig. Es kann bedeuten, dass das Pferd aus Kastilien stammt, aber auch, dass es aus der Zucht des jeweiligen (ritterlichen) Burgverwalters (eben des Castellan) kommt. Besonders in den Gavan-Aventüren finden sich auch Hinweise auf die Wertschätzung von Pferden: Sie waren das wichtigste Beutestück, das nach einem gewonnenen Zweikampf dem Sieger zufiel. Gavan machte nach einem Getümmel seinen Knappen reich, indem er ihm die erbeuteten Pferde schenkte. Bei einer anderen Gelegenheit rettet Gavan sein Streitross aus einem reißenden Strom, einmal ritt (tummelte) er nach dem Sieg in einem Zweikampf das erbeutete Pferd und erkannte es mit Freude unter seiner Wappendecke wieder: „Bist du es, Gringuljete! mit den kurzen Ohren". Das bewährte Streitross war ihm vorher entführt worden, während ihm nur ein unansehnliches „Pferdelin" als Reittier blieb. Zu den Jugendsünden des Parzifal gehört auch, dass er sich des Pferdes seines Gegners Ither bemächtigt hat, den er vorher mit einem Wurfspeer (nicht mit den ritterlichen Waffen Schwert und Stoßlanze) getötet hatte. Das Pferd sei „rot" gewesen (also wohl ein Fuchs), wie auch die übrige Ausrüstung Ithers, des roten Ritters.

In der **Spätphase des Mittelalters** blühte das Turnier- und Wappen-Unwesen noch weiter auf. Die immer kunstvoller und dabei auch immer schwerer werdende Panzerung der Reiter führte dazu, dass man sie manchmal mit einem Hebegerüst und Flaschenzug in den Sattel hieven musste. Man bringt die schweren Pferde gerne in Zusammenhang mit der immer schwereren Panzerung der Ritter, denn ein sehr schwerer Reiter scheint ein kraftvolles und damit auch schweres Pferd zu verlangen. Das kann schon sein. Tatsächlich tauchen große und schwere Pferde im Spätmittelalter und der frühen Renaissancezeit auf, besonders vollendet in Dürers Zeichnungen (etwa zu „Ritter, Tod und Teufel") und in den bekannten Standbildern des Gattamelata von Donatello und des Colleoni von Verocchio. Auch in den niederländischen (van Dyck) und in den spanischen Bildern des 17. Jahrhunderts sind die Pferde oft noch ganz schön massiv. Leichter werden sie wieder nach dem Verschwinden der schweren Reiterei, so etwa im Dreißigjährigen Krieg, in dem die gepanzerten „Pappenheimer Reiter" noch eine Rolle spielen. Diese „Kürassiere" traten mit der Verbreitung der Feuerwaffen in den Hintergrund hinter der „leichten Reiterei" (Panduren, Ulanen, Husaren), die sich länger, bis ins 19., ja 20. Jahrhundert als nützlich erwiesen hat. Das heute so beliebte „Reinactment" bestätigt die Vorteile von schweren Pferden (der Destrières: schwere Geradeaus-Renner) allerdings nur für den Zweikampf mit eingelegter Lanze („Tjost"), nicht für den weniger starr geregelten Massenkampf („Buhurt"), der vor allem wendige Pferde verlangte (Krischke 2015).

3.7 Barockzeit bis heute

Die **Barockzeit** bevorzugte ganz entschieden den spanischen Pferdetyp oder den Berber, man konnte nichts Besseres über ein Pferd sagen, als dass es den spanischen oder nordafrikanischen „Genetten" glich: mittelgroß, kurz, quadratisch, gewölbter Hals, abgeschlagene Kruppe, üppiger Behang. Diese Form wurde dann in den napoleonischen Kriegen von der des englischen Vollblutes abgelöst, die bis heute dominiert. Immer noch allzu häufig werden die sehr hoch eingeschätzten arabischen Pferde mit den Berbern gleichgesetzt. In der Tat sind beide nicht sehr große, grazile Pferdetypen mit kurzem Rücken. Während aber die Araber den Hals, die Kruppe und oft auch den Schweif hoch tragen, oft etwas dünnes Langhaar aufweisen und sich ausgesprochen ökonomisch raumgreifend bewegen, haben die Berber kürzere und erhabene Gänge, einen kräftigeren Hals, und eine Hinterhand, die zum Untertreten neigt. Damit erscheinen sie weniger für heutige „Distanz"-Ritte als für das „Dressur"-Reiten geeignet, auch wenn ihre Ankörung Erfolge auf der Distanz verlangt.

Der Einsatz von Pferden als **Zugtiere** erfolgte in römischer Zeit vor allem in den beliebten, an sehr vielen Orten abgehaltenen Wagenrennen. Diese spielten in spätrömischer Zeit und besonders im byzantinischen Bereich eine erhebliche Rolle auch in der politischen Entwicklung, wo sie Kerne einer Parteienbildung wurden. Man spannte Pferde auch – wie gelegentlich schon in der römischen Blütezeit – vor leichte vierrädrige Wagen zum Personentransport. So soll Cäsar seinen „Bellum Gallicum" z. T. auf Reisen im Wagen geschrieben haben. Als Zugtiere vor Lastwagen sieht man Pferde nur gelegentlich. Davon gibt es nicht allzu viele Darstellungen. Erst im späten Mittelalter (Eike von Repkow, Handschrift des Sachsenspiegels, aus dem 14. Jh.) werden sie häufiger. Im Lauf des 19. Jahrhunderts werden Pferde und in manchen Gegenden Mulis zum meistgenutzten Zugtier. Das dürfte damit zusammenhängen, dass sie schneller sind als die früher häufig vorgespannten Rinder und Ochsen. Mit der Einführung der Post wurde dann die **Schnelligkeit** der Pferdegespanne zum Standard der Fortbewegung.

In der gut überblickbaren neueren Zeit stellte der **Militärdienst** vielseitige Anforderungen an die Pferde. In der Barock- und Rokokozeit erforderten vor allem berittene Zweikämpfe zwischen ungepanzerten Reitern ungemein gewandt und geschickt auf geringe Hilfen reagierende Reittiere. Deren Ausbildung war eine Sache von Könnern und diese fanden sich in den **Reitakademien**. Namen wie Pluvinel und Robichon de la Guérinière sind noch heute in aller Munde und sie gelten nach wie vor als Standard (der aber leider allzu oft ganz und gar nicht befolgt wird). Mit den Napoleonischen Kriegen rückten die Geländeprobleme und die schnelle Beweglichkeit von kopfstarken Truppeneinheiten in den Vordergrund. Beides führte zur Bevorzugung bestimmter Pferdetypen: zuerst der spanischen und der Berberpferde, dann mehr zu schnellen, im **Vollbluttyp** stehenden Pferden. In beiden Bereichen haben die jeweils Regierenden dafür gesorgt, dass entsprechende Pferde auch in ausreichender Zahl vorhanden waren: Die österreichischen Kaiser gründeten und unterhielten seit der Barockzeit Lipica und Kladrub, sie unterstützten auch die Zucht leichter Pferde in Ungarn; im alten Preußen wurden seit dem späten 18. Jahrhundert die Trakehner ganz auf den Truppengebrauch hin optimiert.

Die Ablösung von Pferden im **militärischen Gebrauch** durch motorisierte Fahrzeuge ist für jeden Pferdefreund überaus erfreulich, hat aber eben auch zum Wegbrechen einer der wichtigsten Stützen in der praktischen Reiterei geführt.

Neben der Militärreiterei spielte immer die **Arbeitsreiterei** eine große Rolle. Das gilt für geographisch unzugängliche Gegenden mehr als hierzulande. In der Puszta Ungarns, in der Camargue, in Mittelitalien, in Spanien, Portugal und später in der Neuen Welt wie auch in Australien war der Gebrauch von Pferden beim **Hüten von Kampfstieren sowie Rinder- und Schafherden** in rauem Gelände ein unentbehrliches Hilfsmittel. Die spanische Reiterei hat dann in der Neuen Welt eine Fortsetzung in der „altkalifornischen" Reitweise gefunden, und sehr vereinfacht auch in der „texanischen" Reitweise der durch Romane und besonders durch Filme und „Rodeo"-Veranstaltungen berühmt gewordenen Cowboys in den weitläufigen Rinderzuchtgebieten.

Die genannten praktischen Reitweisen haben immer wieder Pferde von mäßiger bis mittlerer Größe (Stockmaße von 135–155 cm) und quadratischer Form und gebremstem, gutartigem Temperament hervorgebracht.

Unter dem Einfluss der englischen Jagdreiterei und der englischen Pferdezucht entwickelte sich in Kontinentaleuropa in der Mitte des 19. Jahrhunderts das **Rennreiten**. Zuerst waren es die Offiziere nicht nur der berittenen Einheiten, die bis zum Ersten Weltkrieg, z. T. bis in die zwanziger Jahre hinein ihre Fähigkeiten in Hindernis- und Jagdrennen (nicht auf der flachen Bahn, sondern über der Realität abgeguckten Sprüngen) verglichen. Sie wurden nach dem großen Krieg durch professionelle Reiter, die Jockeys, abgelöst und wendeten sich dem Springen und der Dressur zu, also den Disziplinen der heutigen **Turnierreiterei**. Für das Springen und die immer noch so genannte „Vielseitigkeit" (die in jüngster Zeit mehr und mehr zu einer reinen Springprüfung wird und zunehmend ihren ursprünglichen Charakter als Ausdauer- und, eben, Vielseitigkeitsprüfung verliert) erweisen sich sehr große Pferde als vorteilhaft. Die werden inzwischen auch in den Warmblutzuchten mit Stockmaßen von 165–185 cm angeboten. Auf umgängliche Manieren der Pferde wird in einer Welt, die von Profis bestimmt ist, geringer Wert gelegt, ebenso wenig wie im Rennsport. In der Dressur haben diese sehr großen und oft heftigen Pferde auch Verbreitung gefunden, wobei die Ideale des alten Dressurreitens zwar dem Namen nach bei- und hochgehalten werden, aber in der praktischen Ausübung mehr und mehr verloren gehen. Ich erinnere besonders an das unselige Aufrollen der Pferdehälse und an die überdimensionale Bedeutung, die dem „verstärkten Trab" zugemessen wird – eine Modifikation der Gangart Trab, die in der praktischen Reiterei überhaupt nicht vorkommt, sondern nur bei Wagenpferden genützt wird.

Im heutigen von Turnieren bestimmten Pferdesport herrschen **Frauen** vor. Es begann in den 20er Jahren, als hervorragende Reiterinnen in den offenen Konkurrenzen siegten. Viele von ihnen ritten im asymmetrischen Damensitz, eine zunehmende Mehrheit dann wie die Männer im symmetrischen Spreizsitz. All das ist von Dorothee Faltejsek (1998) vorzüglich beschrieben worden. Heute wird der Dressursport ganz von Frauen dominiert, auch im Springen nehmen sie oft Spitzenplätze ein. Weibliche Jockeys zählen im Rennsport schon zum Alltag, während es in den 60er bis 80er Jahren noch gesonderte Wettbewerbe für Reiterinnen gab. Viel weniger beachtet vollzog sich aber gleichzeitig eine Veränderung in den Ställen, die mit dem Aufkommen neuer Sportarten (Distanzreiten, Westernsport, Konkurrenzen von Gangpferden) zusätzlichen Auftrieb bekam. Immer mehr Mädchen und Frauen suchen den Kontakt mit den Pferden, während Jungen und Männer sich davon eher fernhalten. Eine Antwort auf die Entwicklung liegt wohl weniger in der Emanzipation, sondern in der größeren Geduld von Frauen, dem Vermögen sowie der Freude am Sich-Einfühlen in Lebewesen und der Fähigkeit, nicht verbale Signale auszusenden und ebenso zu empfangen.

4. Grundlagen der Mechanik und Anatomie

4.1 Mechanik und Biomechanik

Wenn man den Körperbau von Tieren und die Anordnung der Gewebe (= Materialien) innerhalb des Körpers verstehen will, bedarf es einiger Grundlagen. Diese werden zwar im Physikunterricht gelehrt, aber wer hat das schon behalten? Deshalb fasse ich die wichtigsten Prinzipien hier noch einmal zusammen.

Die **Mechanik** ist ein Teil der Physik. Physikalischen Gesetzen ist nicht nur tote Materie (Festkörperphysik) unterworfen, sondern auch lebende Körper und deren Teile. Wenn lebende Körper untersucht werden, spricht man von **Biomechanik**. Weil das so ist, können und sollten wir uns zuallererst auf die Gesetzmäßigkeiten besinnen, denen das Pferd und seine Körperteile ausgesetzt sind.

Die Mechanik gliedert sich in

- **Statik** = Lehre von den Beanspruchungen von Strukturen ohne den Faktor Zeit und
- **Kinetik** = Lehre von den Bewegungen unter Berücksichtigung des Faktors Zeit

In der Kinetik ist zu unterscheiden zwischen

- **Kinematik** = Erfassung und Beschreibung der Bewegungen und
- **Dynamik** = Lehre von den dabei auftretenden Kräften

„Biomechanik“ ist keineswegs, wie manche Äußerungen über Pferde nahelegen, nur die Beschreibung von mehr oder weniger eindrucksvollen Bewegungen oder die Zuschreibung von bestimmten Bewegungen zu (allzu oft nur vermuteten, seltener bewiesenen) Muskelaktivitäten. Die Biomechanik beinhaltet die genaue Erfassung, Darstellung und Analyse der Ursachen für Formen und Bewegungen von Mensch und Tier.

Dabei werden die genannten Methoden der Physik und der technischen Mechanik der Ingenieure angewendet. Die Kenntnis der mechanischen Gesetze und der Art, wie bei verschiedenen Tierarten die mechanischen Probleme gelöst werden, ist eine entscheidende Voraussetzung für die Diagnose und für therapeutische Eingriffe. Weil die biomechanischen Gesetze für alle Lebewesen gelten, sind weitgehende Übereinstimmungen zwischen den Pferden und anderen großen Lauftieren (cursorial mammals) zu erwarten.

Meist wird in der Reiterei unter „Mechanik" die Beschreibung von Bewegungsabläufen, also **Kinematik** verstanden. Das klassische Beispiel für deren Wert ist nach wie vor die Aufklärung der Bewegungsabläufe im Galopp durch Muybridge (1957), wie sie in den meisten Reitlehrbüchern zu finden ist.

Die **Statik** ist grundsätzlich einfacher zu analysieren und zu verstehen, denn auf jeden Organismus wirkt nur eine Kraft: das Gewicht. Die Kraft, die dieses Gewicht erzeugt, berechnet sich nach

Kraft [N] = Masse [kg] * Beschleunigung [m/s^2]

Der Wert für die Beschleunigung ist in diesem Fall die sogenannte Erdbeschleunigung = 9,81 m/s^2. Die so berechnete Kraft wird auch als Gewichtskraft bezeichnet und wird in Newton [N] angegeben. In der Mechanik gibt es eine wichtige Unterscheidung zwischen Gewicht in Kilogramm [kg] und einer Kraft in Newton [N]. Ein Mensch, der 75 kg wiegt, erzeugt auf dem Boden eine Gewichtskraft von 75 kg * 9,81 m/s^2 = 735,75 N, die er mit beiden Füßen je zur Hälfte auf den Boden überträgt. Man kann sich vereinfacht diese Kraft [N] auch als Gewicht in kg vorstellen, dieser Wert ist ~ 75 kg = ~ 750 N – das fällt dem Laien oft leichter. Das Gewicht des Reiters und sein Einfluss auf das Pferd wird später behandelt.

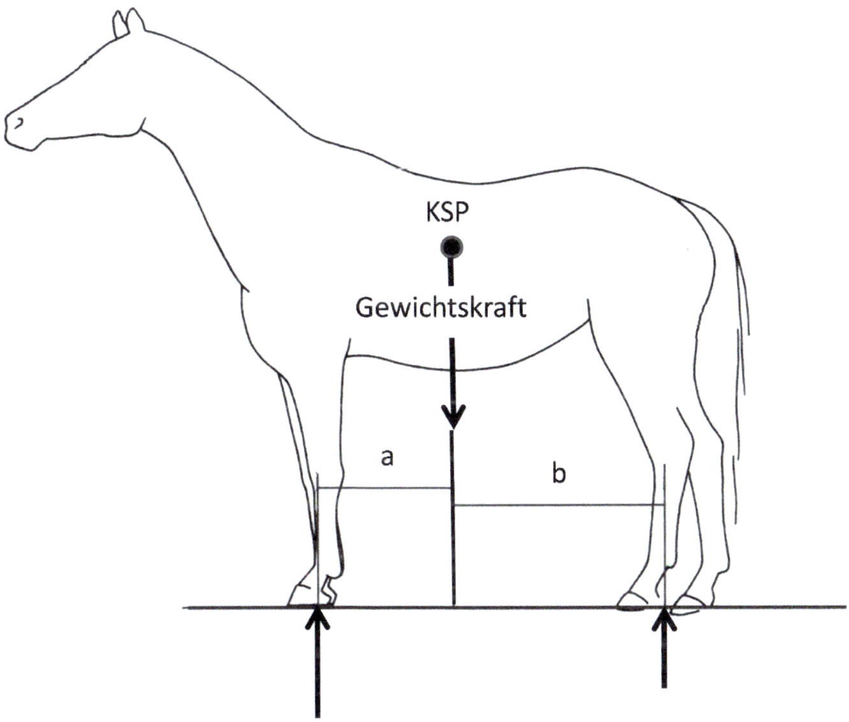

Abb. 4 Bodenreaktionskräfte durch das Körpergewicht des Pferdes. Wegen des kürzeren Abstandes **a** (im Vergleich zu **b**) zum KSP (Körperschwerpunkt) übernehmen die vorderen Extremitäten einen höheren Anteil der Gewichtskraft als die Hinterbeine.

An der Statik des stehenden Pferdes (**Abb. 4**) kann man die Verteilung des Körpergewichtes auf Vorder- und Hinterbeine berechnen. Der Schwerkraft (bei einem Gewicht von 600 kg = ~ 6000 N) entgegen gerichtet sind die **Bodenreaktionskräfte** (BRK), die als Pfeile die Kraftwirkungen zeigen. Längere Pfeile entsprechen größeren Kräften.

Diese BRK drückt als Gegenkraft von unten gegen die Endabschnitte der Gliedmaßen, beim Pferd sind das die Hufe, beim Menschen die Fußsohlen. Die Summe aller einzelnen BRK muss natürlich genauso groß sein wie die

Gewichtskraft, die man sich im Schwerpunkt konzentriert denken kann. Die BRK kommen nicht direkt unter dem Körperschwerpunkt (KSP) zur Wirkung, sondern haben einen Abstand von der Senkrechten, die man durch den KSP fällen kann. Der kleinste Abstand zum KSP wird **Hebelarm** genannt, siehe **Abb. 4 Abstände a und b.** Das Produkt aus Hebelarm und jeder beliebigen Kraft ist das sogenannte **„Moment"**. Die Momente, die auf Hinterbeine wirken, haben dabei einen längeren Hebelarm als auf die Vorderbeine. Deshalb fällt die Kraft am Boden hinten geringer aus als vorne. Den Unterschied kann man berechnen, in dem man sie über die Hebelarme gleichsetzt (Momentengleichgewicht).

Gewichtskraft vorn * Abstand a = Gewichtskraft hinten * Abstand b

Man sieht hier, dass ein kürzerer Abstand zum Körperschwerpunkt eine höhere Kraft benötigt. Das Kraftverhältnis beträgt beim Pferd etwa 55 % / 45 % bis 60 % / 40 % zwischen Vorder- und Hinterhand.

Die Teile des Körpers, die zwischen Gelenken liegen, nennt man **„Segmente"**. Diese bestehen in den Gliedmaßen aus einem Skelettteil, um den herum Weichteile, Bindegewebe und Muskulatur angeordnet sind. Die Segmente stehen durch **Gelenke** miteinander in Verbindung.

Wie bereits oben ausgeführt muss auch an allen Gelenken des Körpers ein **Gleichgewicht** zwischen Schwerkraft und BRK bestehen: Das Moment kann bei einer statischen Betrachtung nicht kleiner oder größer sein als das Moment der Kräfte, die ihm widerstehen, die also Gleichgewicht halten oder Widerstand leisten. Deshalb erzeugt jede Kraft eine Gegenkraft und jedes Moment ein Gegenmoment. Das hat Newton im 17. Jahrhundert formuliert (Newton I., 1687, siehe auch Wolfers 1872). Auf seinen Namen geht deshalb auch die Krafteinheit N zurück.

Die **Dynamik** (Lehre von den Kräften) wird am leichtesten fassbar, wenn man die Bewegungen in kurze Phasen zerlegt und jede dieser kurzen Phasen wie eine statische Situation analysiert. Dabei müssen aber unbedingt neben der

Erdanziehung auch die Beschleunigungen berücksichtigt werden, denen Körperteile ausgesetzt sind. Durch deren Einfluss können deutlich höhere und andres gerichtete Kräfte zur Wirkung kommen als unter statischen Bedingungen. Aus diesem Grund ist die genaue Kenntnis der Bewegungsabläufe, also der **Kinematik** (Beschreibung der Bewegungen) eine unentbehrliche Voraussetzung.

Auf einen Körper wirken **äußere Kräfte** ein, in seinem Innern treten **innere Kräfte** auf, die zueinander im Gleichgewicht stehen oder im Ungleichgewicht Bewegungen erzeugen. Dabei werden die aus der Massenträgheit erwachsenden Kräfte bei Beschleunigungen oder Verlangsamungen von Bewegungen zu den „äußeren Kräften" gerechnet. Diese sind für den Biologen und oft auch den Tierarzt (!) von größter Bedeutung, weil sie die Form der Körperteile bestimmen (Pauwels 1965). Die inneren Kräfte werden auch als „mechanische Spannungen" bezeichnet. Man unterscheidet zwischen den Spannungsqualitäten **Druck** oder **Zug** sowie **Biegung** und **Torsion**. Jeder weiß, dass Biegebeanspruchungen für alle, besonders für längliche Körper gefährlich sind. Bei den Vierfüßern ist der Körperstamm immer einer **Biegung** ausgesetzt. Das Ausmaß der Biegung hängt vom Moment, d. h. dem Produkt aus einer wirkenden Kraft und ihrem Hebelarm ab. Technisch wird das Ausmaß der Biegung an jeder Stelle durch das Biegemoment dargestellt. Diese Biegemomente ändern sich von einem Körpersegment zum nächsten. Wenn man diese Änderungen entlang der Längsachse des Körpers oder seines Segmentes abträgt, erhält man die Biegemomentenfläche.

Die äußeren Kräfte kann man in vielen Fällen messen. Die inneren Kräfte sind i. d. R. nur durch mechanische Modellbetrachtungen und Berechnungen zu erfassen. Das werde ich in diesem Buch vorführen. Weil die Rechenwege oft nicht ohne weiteres einsichtig erscheinen, ist man dem Bedenken ausgesetzt, ob denn die Berechnungen auch richtig und zuverlässig sind. Sieht man die Ergebnisse im Vergleich mit der Literatur und den Eindrücken im täglichen Umgang mit Pferden, wiegen die Bedenken weniger schwer. Auch Brücken und Gebäude werden heute i. d. R. nicht durch Experimente, sondern durch Modellberechnungen gebaut.

Neben den einfachen Mitteln der theoretischen Mechanik gibt es auch Methoden der Computersimulation wie die beeindruckend anschaulichen Finite-Element-Systeme (kurz FES), mit denen Ingenieure heute zuverlässig komplizierteste statische und dynamische Rechnungen durchführen.

4.2 Mechanisch belastbare Gewebe

Beim Wirbeltier sind Bindegewebe, Knochen, Knorpel und Muskulatur mehr oder weniger hoch belastbar. Sie schützen dadurch viele andere Gewebe z. B. Nerven, Drüsen, Verdauungssystem und Fett, die keine mechanische Belastung aushalten. Parallel liegende Bindegewebsfasern bilden Sehnen, Bänder und Aponeurosen, die alle sehr hohe Zugkräfte übertragen können.

Feine und dennoch zugfeste Fasern des Bindegewebes können Fettzellen dicht und eng umhüllen, so dass sie sich nicht voneinander entfernen können und in ihrer Gesamtheit „Polster“ bilden, die Druckkräfte verteilen und dämpfen können, z. B. die menschliche Fußsohle. Pferdehufe sind damit nicht vergleichbar und werden später erklärt.

Skelettteile wie Knochen und Knorpel unterliegen **Druckkräften**, denen **Zugkräfte** gegenüberstehen. Beide Arten von Kraft verteilen sich gleichmäßig auf die zur Verfügung stehenden Gewebequerschnitte. Sie haben im ganzen Körper mehr oder weniger die gleiche Festigkeit, die bei kompakten Knochen bei 100–200 N/mm^2 liegt. Deshalb ist zu erwarten, dass die Querschnittsflächen der Knochen überall so groß bemessen sind, dass sie an der jeweiligen Stelle den dort auftretenden Druckkräften Widerstand leisten können. Eine Besonderheit ist der gelenknahe spongiöse Knochen, dessen Struktur sich an den lokal bestehenden Kraftrichtungen ausrichtet.

Nach dem Wolffschen Gesetz wurde 1897 dieser Zusammenhang von Belastung und Knochenbildung beschrieben und von Friedrich Pauwels (1965) neu formuliert. Die knöchernen und die knorpeligen Teile des Skeletts entstehen somit unter dem Einfluss von Druckkräften.

Die Knochenbildung bedarf außerdem noch mechanischer Ruhe, was für Knorpel und Faserknorpel nicht gilt. Das ist der simple, in der Therapie allgemein befolgte Grund für die Ruhigstellung von gebrochenen Knochen. Man vermeidet so die Entstehung von beweglichen Stellen, sog. „Pseudarthrosen" in den Gliedmaßen. Das enorme Verdienst des Aachener Chirurgen Pauwels für die Praxis der Unfallchirurgie und der Orthopädie besteht darin, die Art der Druckbelastung verschiedener Knochen analysiert zu haben.

Die **Zugkräfte** werden durch Bindegewebsstrukturen oder durch Muskeln aufgebracht. Ohne Energiebedarf können **Sehnen** oder **Bänder** aus Bindegewebe Zugkräfte aufnehmen. **Bindegewebe** können **„straff"** sein, d. h., sie blockieren im angespannten Zustand jede weitere Bewegung. Sind sie entspannt, geht ihre Kraftwirkung gegen null. In manchen Fällen ist **Bindegewebe** auch **elastisch**, d. h., seine Fasern können verschiedene Längen annehmen. Je länger sie gedehnt werden, umso mehr Kraft geben sie ab. Das bekannteste Beispiel ist das Nackenband der Pferde (vgl. Kapitel 5.4). Die Zerreißfestigkeit von straffem Bindegewebe liegt bei 200 N/mm². Bindegewebsfasern können auch in vielen Richtungen durcheinander liegen, wie z. B. in der Lederhaut, die dadurch Zugkräfte in verschiedenen Richtungen übernehmen kann.

Als Zugkraft **erzeugende** Strukturen kommen in erster Linie **Muskeln** in Betracht. Sie verändern dabei entweder ihre Länge (isotonisch) oder erbringen ihre Kraft ohne Längenänderung (isometrisch). Ihrer Bedeutung kommt man oft besonders nahe, wenn man sie als Teile betrachtet, die in der Länge passend zu den gegebenen Notwendigkeiten verstellt werden können.

Die „Muskelfasern", die das leisten, sind den Zellen ähnliche, aber sehr große Gebilde, die zahlreiche längs angeordnete, dicht gedrängt stehende „Myofibrillen" als wichtigste Teile enthalten und eine große Anzahl von Zellkernen, die am Rand der Muskelfasern stehen. Die Abschnitte der Myofibrillen, die „Sarcomere" sind in ihrer Länge so regelmäßig angeordnet, dass die Muskeln unter dem Mikroskop quergestreift erscheinen.

Die Aktivität dieser Sarcomere kostet **erhebliche Mengen an Energie**, der knappsten Ressource eines jeden Tieres. Den **Kraftaufwand** nimmt der Organismus als „**Anstrengung**“ wahr und versucht immer, ihn im Interesse der Energieersparnis möglichst klein zu halten. In dieser Beziehung sind alle Tiere „faul“.

Zudem sind Muskeln viel weniger fest als Sehnen und Bänder. Während diese ungefähr 200 N/mm^2 ertragen können, schaffen Muskeln nur um die 20 bis 50 N/mm^2. Deshalb haben auch alle Wirbeltiere so große Muskelmassen, die um die 40–50 % ihres Gesamtgewichts betragen (Grand 1977 & 1990).

Die Leistung der Muskeln hängt von ihrer Vordehnung ab (**Abb. 5 a, b).** Die Muskelfasern setzen oftmals nur an einer Seite der Sehnen an. Das ist häufig, wenn die Sehnen als „Aponeurosen“ flächig ausgebreitet sind und alle Muskelfasern sie nur auf einer Seite erreichen. Das nennt man „**Fiederung**“ (**Abb. 5 c–h**). Sie macht es möglich, dass eine große Zahl von Muskelfasern zur Wirkung kommt, der „physiologische Querschnitt“ (senkrecht zu den Fasern) ist groß, oft viel größer als der „morphologische Querschnitt“ durch den Muskel, und in vielen Fällen muss man, um alle Fasern zu erfassen, mehrere Schnitte durch einen gefiederten Muskel legen. Solch eine Fiederung (**Abb. 5 h**) bedeutet sehr **hohe Kraftentfaltung**, aber nur geringen **Hub der Sehne**.

Das gesamte Skelett ist von einer zusammenhängenden, aus Bindegewebe bestehenden Skeletthaut umhüllt, welche die Gelenke als „**Gelenkkapsel**“ überspannt, und in der dann besonders verstärkte Bänder ausgebildet sind. Diese Gelenkbänder können auch mal frei neben dem Gelenk liegen. Alle verhalten sich wie Sehnen, d. h., sie bringen sehr hohe Kräfte auf bei nur äußerst geringer Dehnung (wie an den Beinen der Pferde, s. Abschnitt 5.1).

Gewebe können durch Training gestärkt bzw. durch Inaktivität geschwächt werden. Menschen können ihre Muskeln durch isometrische Übungen stärken. Beim Pferd leisten das „versammelnde“ Lektionen. Der optimale Trainingsreiz für Sehnen der Extremitäten besteht aus submaximalen, ziemlich hochfrequenten Belastungen. Bei Pferden bedeutet das z. B., Schritt auf hartem Boden wie Asphaltstraßen zu gehen.

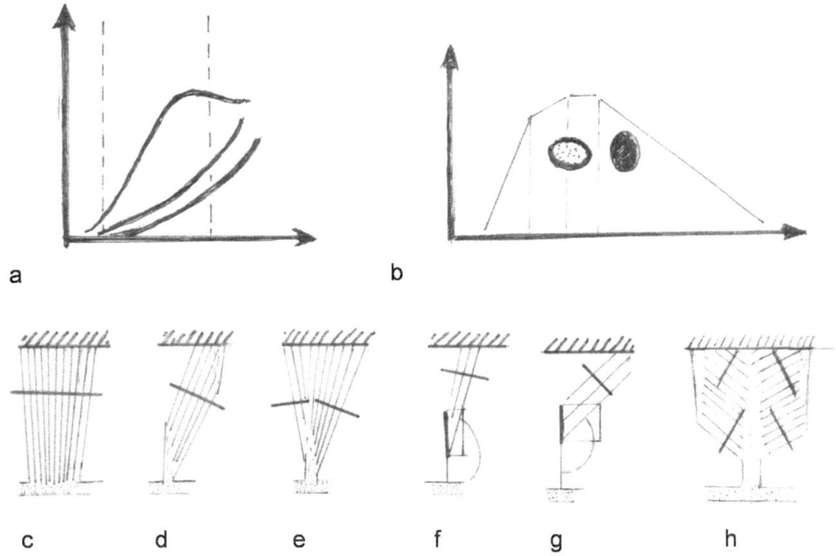

Abb. 5 a Abhängigkeit der Muskelkraft (senkrechte Achse=F) von der Vordehnung (waagerechte Achse, in cm). Die gestrichelten senkrechten Linien zeigen den realistischen Bereich, in dem Muskeln arbeiten. Untere Kurve: inaktiver Muskel, der sich wie ein elastisches Gummiband verhält. Mittlere Kurve: isotonisch kontrahierender Muskel mit verschiebbarem Ansatzpunkt (punctum mobile), der mehr Kraft abgibt, sich aber ebenfalls wie ein elastisches Band verhält. Obere Kurve: aktiver Muskel, der sein punctum mobile nicht bewegen kann, mit deutlich höherer Kraft bis zu einem Höchstwert von 300–500 N/cm². **b** Kraft des Muskels (senkrecht) gegen Länge der Sarcomere (waagerecht). Auch hier wird nur ein Teil der theoretischen Möglichkeiten genützt (punktierte und schwarze Ellipsen). **c–h** Fiederung der Muskeln. Oben Befestigung an einem „punctum fixum" (schraffiert), unten an einem „punctum mobile" (punktiert). Die fetten Linien zeigen jeweils den „physiologischen Querschnitt" an, der ein Maß für die Anzahl der wirkenden Muskelfasern und damit für die Muskelkraft darstellt. **c** Parallelfaseriger Muskel, **d** einfach gefiederter Muskel, **e** doppelt gefiederter Muskel. **f** Ein großer Fiederungswinkel erlaubt bedeutenden Hub (fette Linie im Parallelogramm) der Sehne, **g** ein enger Fiederungswinkel hingegen nur einen geringen. Er ist aber zwangsläufig mit einem großen „physiologischen Querschnitt" verbunden, entfaltet also große Kraft. **h** Der physiologische Querschnitt kann ein Vielfaches des morphologischen Querschnittes betragen.

5. Statik und Anatomie des Pferdekörpers

Aufbauend auf den in Kapitel 4 beschriebenen Grundlagen werden im Folgenden die statischen Belastungen verschiedener Körperregionen des Pferdes beschrieben. Für den Reiter spielen Details der Pferdeanatomie sicherlich eine untergeordnete Rolle, sind aber Grundlage weiterführender Überlegungen. Gewisse Grundkenntnisse unterstützen zweifelsohne das Verständnis des Pferdes und seiner Bewegungen. Die jetzt folgenden Darstellungen beruhen auf meinen eigenen Untersuchungen.

5.1 Rumpf

Wie alle Vierbeiner müssen auch Pferde ihren **Körperstamm**, d. h. Kopf, Hals, Rumpf und Schwanz gegen die Schwerkraft +/- horizontal in seiner Form halten. Die allgemeine Körperform haben sie wie alle Säugetiere von ihren ältesten Vorläufern in der Stammesgeschichte übernommen, denn natürlich muss die Evolution immer von den Formen ausgehen, die nun schon einmal da sind. Im Körperstamm befindet sich die größte Masse des Tieres, also der schwere Kopf und die gewichtigen Eingeweide. Gestützt wird diese Masse durch zwei Extremitätenpaare, wobei die Vorderbeine hinter dem Hals angebracht sind. Sie trennen damit den, technisch gesprochen, „langen vorderen Kragarm" vom Rumpf ab. Die Hinterbeine stehen vor dem Schwanz (anatomisch gesprochen) als „hinterem Kragarm" (technisch gesprochen). Bei Pferden enthält die Schweifrübe nur wenig Masse und ist nur mittellang, allein die langen Schweifhaare verleihen dem Pferd sein Aussehen. In unserer mechanischen Betrachtung kann man den Schweif weglassen. Hinter dem Hüftgelenk befindet sich aber ein geringer Teil der Rumpfmasse, vor allem die Muskeln, die das Gelenk strecken. Wenn sie aktiv werden, vergrößern sie die Momentenfläche über der hinteren Stütze. Das Gewicht (= Masse m * Erdbeschleunigung g) des Körperstamms drückt nach unten und ruft an den Hufen als den

Kontaktflächen mit dem Untergrund Gegenkräfte hervor, die sinnvoll **Boden-Reaktions-Kräfte (BRK)** genannt werden. Die einzelnen BRK an den Hufen umrahmen die **Unterstützungsfläche**, über welcher der **Körperschwerpunkt (KSP)** bleiben muss, wenn ein Umkippen verhindert werden soll (**Abb. 6 g**).

Pferde entlasten im entspannten Stehen oft eines ihrer Hinterbeine. Die Unterstützungsfläche wird dadurch drei- statt viereckig (**Abb. 6**). Sie ist in Längsrichtung so lang, dass Pferde weder nach vorn noch nach hinten umzuwerfen sind. Die Schmalheit der Unterstützung durch die eng nebeneinanderstehenden Vorder- und Hinterbeine jedoch führt zu dem allbekannten Phänomen, dass man Pferde leicht zum Ausweichen nach einer Seite hin zwingen kann. Schon eine mäßige äußere Kraft gegen Bauch oder Hinterhand bringt mit der Gewichtskraft eine Resultierende zustande, die den Boden außerhalb der Unterstützung erreicht und deshalb eine korrigierende Bewegung erfordert.

Allein schon die Länge des Halses und die geringe Masse des Schwanzes bringen es mit sich, dass die vordere Stütze mehr Gewicht zu tragen hat als die hintere. Das Verhältnis ist bei Pferden in Ruhe so um 55 zu 45 %, schwankt aber erheblich mit der Stellung der Beine (vgl. **Abb. 41** unten). Die horizontale Lagerung des Körperstamms unterscheidet sich ganz erheblich von den Verhältnissen beim Menschen und verlangt eine bestimmte Anordnung von

Abb. 6 a Übertrieben gezeichnetes Pferd, um zu zeigen, welche Teile zusammengedrückt (Pferderücken und unterer Hals) und welche Teile gedehnt (Bauch und oberer Hals) werden. **b** Pferdeskelett, in dem die komprimierten Teile schwarz und die gedehnten Teile als Doppellinien oder als Muskeln dargestellt sind. **c** Ganz stark vereinfachtes Balkenmodell unter Berücksichtigung der Aufhängung. Der lange Kragarm bedingt höhere Last auf dem vorderen Beinpaar als auf dem hinteren. Die vordere (=linke) Unterstützung ist mit drei Zugsträngen am Rumpf befestigt. Das führt (ebenso wie die Aufhängung des Rumpfes am M. serratus) zu einer Abrundung der Spitzen in den Biegemomenten und den Querkräften (**d** und **e**). Die hintere Unterstützung ist nach vorne gestellt, so dass Streckmuskeln (des Hüftgelenkes) eingesetzt werden müssen. Der Zug der Muskeln biegt den hintersten Teil stark nach unten. **d** Querkräfte, **e** Biegemomente. **f** Die Gewichtsanteile sind anhand eines Pferdemodells abgeschätzt und durch unterschiedliche Dicke des Balkens dargestellt. Die im Text erwähnte Körpermasse hinter dem Hüftgelenk ist zu beachten. **g** Pferd von oben mit

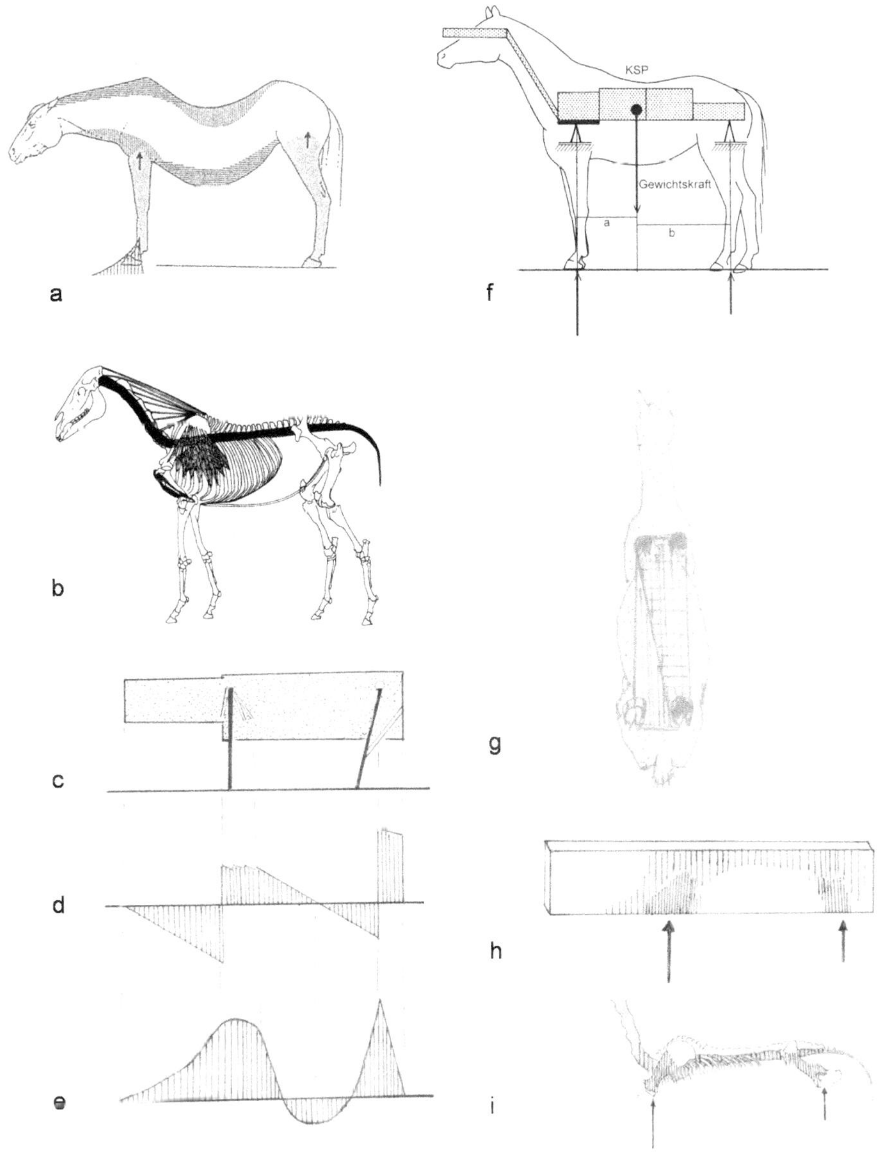

den Hufen und der Unterstützungsfläche beim Stehen auf allen Vieren (senkrecht schraffiert) und beim Ruhen auf nur einem Hinterbein (waagerecht schraffiert). **h** Vereinfachte Umzeichnung der experimentell (mit FESA = Finite Element System Analyse) ermittelten Spannungsgrößen in einem horizontal gelagerten Balken; **i** Spannungsgrößen in einem Pferdeskelett. Zu beachten sind neben der Kompression entlang der Wirbelsäule die besonders hohen Spannungen in der nach hinten geneigten Scapula (= Schulterblatt) und in dem nach vorn geneigten Ilium (= Darmbein).

druckfestem und zugfestem Material, also vom knöchernen oder knorpeligen Skelett und von Aponeurosen und Muskeln. Deren Vorhandensein ist bei allen Säugetieren auch vorgegeben – eben, weil sie alle das gleiche Problem lösen müssen.

Die Verteilung der Gewebe im Rumpf des Pferdes kann mit Hilfe eines **Modells** (**Abb. 6 a bis f**) verständlich gemacht werden: Man denke sich einen einfachen Balken, der horizontal auf zwei Stützenpaaren gelagert ist. Die eine Stütze lässt vorn einen Teil des Balkens als „Kragarm" frei, die andere ist nahe am hinteren Rand. Solch ein Balken biegt sich vorne nach unten (**Abb. 6 a**). Seine Mitte, zwischen den Stützen, hängt nach unten durch. Das Durchhängen führt zu einer Kompression am oberen (= dorsalen) Rand und zu einer Dehnung am unteren (= ventralen) Rand. Wenn der Fuß der hinteren Stütze vor der Befestigung am Balken (= Hüftgelenk) liegt, ist ein Zugband erforderlich, welches das Gelenk im Gleichgewicht hält. Die minimale Masse des Schwanzes kann vernachlässigt werden, der Balken mag mit dem Ansatz der Muskeln enden. Die Beanspruchung des Balkens kann man deutlich machen durch Querkräfte und Biegemomente.

Die zuerst genannten **Querkräfte** (**Abb. 6 e**) werden oft wenig beachtet. Stellt man sich vor, dass zwischen Vorderende und Unterstützung ein Schnitt durch den Balken geführt wird, so fällt das vordere Ende nach unten, das hintere hingegen bleibt auf seiner Höhe. Je näher der Schnitt an der Unterstützung liegt, umso größer wird die Kraft, die den Rumpfabschnitt nach unten zieht und die wir positiv nennen. Liegt der Schnitt hinter der vorderen Stütze, dann bleibt das vordere Ende auf seiner Höhe, während das hintere abwärts fällt. Wir nennen dann die Querkräfte negativ. Deren Größe wird nach hinten geringer, bis ein Punkt erreicht ist, an dem beide Hälften in gleicher Höhe bleiben. Schneidet man weiter hinten, so bleibt wieder, wie im Hals, das hintere Ende stehen, während das vordere absinkt. Das heißt, die Querkräfte werden wieder positiv. Bei einem Schnitt hinter dem Hüftgelenk haben die Querkräfte wieder ein negatives Vorzeichen. Die Werte sind bei einem Balken immer linear begrenzt (**Abb. 6 e**).

Multipliziert man die Querkräfte mit ihrem Hebelarm, d. h. mit dem Abstand von der jeweiligen Stütze, so erhält man die **Biegemomente** (**Abb. 6 a, f**). Man sieht deutlich, dass die Werte in Höhe der vorderen Stütze, also im Schulterbereich besonders hoch sind. Wenn man die vordere Stütze nicht punktförmig an einer Stelle wirken lässt, sondern auf eine Strecke verteilt, dann flacht sich die Spitze ab und wird breiter. Diese Verteilung der Kraft ist im Tierkörper durch die Aufhängung des Rumpfes mittels des M. serratus realisiert. Bei Pferden wird dieser Muskel noch durch den vom Brustbein zum Schultergelenk ziehenden M. pectoralis profundus unterstützt. Beide Muskeln unterwerfen die vorderen Rippen großen Druckkräften Die Biegemomente werden nach hinten kleiner, wechseln das Vorzeichen und erreichen ihren tiefsten negativen Wert an der Stelle, an der die Querkräfte die Nulllinie passieren.

Will man den Balken durch den **Körperstamm eines Pferdes** (**Abb. 6 f**) ersetzen, so müssen die unterschiedlichen Teilmassen der verschiedenen Abschnitte berücksichtigt werden: Der Kopf ist schwer, der Hals ist lang, beides führt zu erheblichen abwärts biegenden Momenten im vorderen Abschnitt. Zwischen den Stützen kommt das Gewicht der schweren Eingeweide zur Wirkung. Dicht hinter der Hinterbeinstütze befindet sich viel Muskelmasse der Retraktoren des Beines und der bei Pferden recht unerhebliche Schwanz.

Die genannte Gewichtsverteilung führt zu den Biegemomenten, die in **Abb. 6 c–e** dargestellt sind. Aus den Biegemomenten ergeben sich die Druck- und Zugkräfte. Deren Anordnung und Größe haben wir anhand von FES-Berechnungen (Finite Element Systeme = spezielle Computermodelle zur Belastungsberechnung) sichtbar gemacht.

Den dabei entstehenden **Druckkräften** leisten alle Teile des **Skeletts** Widerstand; wo Zugkräfte auftreten, sind Muskeln, Sehnen, Bänder oder sehnenartige Aponeurosen zu erwarten. Das ist auch genauso zu sehen: Die **Wirbelsäule** liegt als Achsenskelett im mittleren und unteren Halsbereich weit von der Oberkante entfernt in der Mitte oder im ventralen Drittel des Halsquerschnittes (**Abb. 6 b, Abb. 7 b**). In Höhe der Schulter ist an der Bauchseite zu-

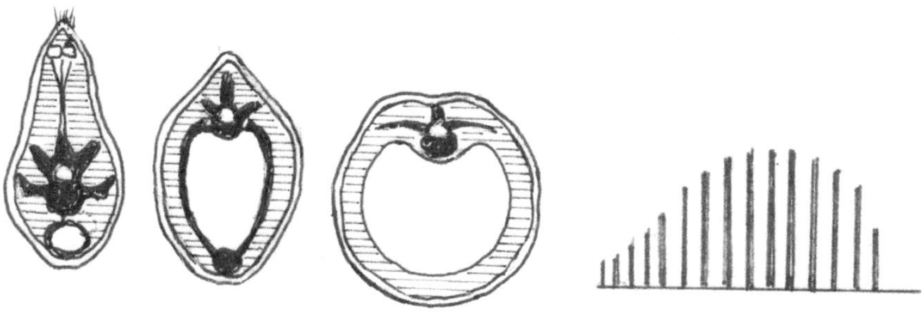

a b

Abb. 7: a Drei schematische Querschnitte; durch die Halsbasis, durch den vorderen Rumpf in Höhe der Sattellage und durch den Bauch. Druckfeste Skeletteile schwarz, zugfeste Materialien (vgl. Kapitel 4.2) schraffiert. Man beachte die unterschiedliche Lage der Wirbelsäule und das wechselnde Verhältnis von Höhe und Breite der Querschnitte. **b** Hebelarme der Muskeln im Körperstamm.

dem noch ein mächtiger Druckbalken in Form des Brustbeins oder Sternums ausgebildet. Die an der Halsbasis weit ventral liegende Wirbelsäule krümmt sich nach oben und nimmt im Brust- und Bauchabschnitt eine Position nahe am dorsalen Rand ein, wo sie vom Becken abgelöst wird. Die Krümmungen stimmen vollständig mit der theoretischen Erwartung überein.

Aus Analysen des Balkens mit FESA haben wir gesehen, dass die Druckkräfte vom vorderen Lager (also dem Schultergelenk) nach hinten geneigt zum Rücken hin ansteigen, aber vom hinteren Lager (dem Hüftgelenk) von hinten nach vorn geneigt sind. Das entspricht der Schrägstellung des Schulterblattes und des langen Darmbeines. Das lange, dreieckige Schulterblatt vermittelt über den M. serratus zwischen Schultergelenk und den vorderen Rippen, das stabförmige Darmbein aber zwischen Hüftgelenk und Wirbelsäule (vgl. auch **Abb. 6**).

Die **Zugkräfte** werden vor allem von **Bindegewebe** und von **Muskeln** aufgebracht. Muskeln sind als in ihrer Länge verstellbare Bauteile besonders im hinteren Teil des Halses und im Rumpf erforderlich. Im Rumpf, also zwischen den Vorder- und den Hinterbeinen wirkt insbesondere der **Bauchmuskel** M. rectus abdominis. Er hat sehr lange Hebelarme gegenüber der Wirbelsäule, denn die Rippen halten ihn auf Abstand. Der Muskel ist vom Bindegewebe der „Rectusscheide" umkleidet und z. T. ersetzt. Im Stehen und im ruhigen Schritt reichen seine sehnigen Anteile aus, um das Gewicht des Rumpfes zu ertragen. Meist ist dafür gar keine Energie verbrauchende Muskelaktivität erforderlich (Kienapfel 2014). Erst bei schnelleren Bewegungen müssen Muskelkräfte dazugeschaltet werden, um die durch Beschleunigungen verursachte Lasten auszuhalten.

Auch die **Rückenmuskeln** werden am stehenden Pferd, d. h. unter statischen Bedingungen, gar nicht aktiviert. Sitzt ein Reiter auf dem Pferd, ändert das im Stehen nichts an der Passivität der Bauch- und Rückenmuskulatur.

In der Schultergegend, also an der **Basis des Halses**, finden ausgiebige Bewegungen statt. Deshalb sind hier die längenverstellbaren Bauglieder, nämlich die „Oberhalsmuskeln" (siehe Abb. 6 a) erforderlich.

Die Belastung der **hinteren Stütze** hängt entscheidend davon ab, ob der Hinterhuf vor, genau unter oder hinter dem Hüftgelenk steht. Im zuerst genannten Fall ist eine Aktivität der die Hüfte streckenden Muskeln (Mm. glutaeus, adductores femoris, ischiofemorale Gruppe) erforderlich. Steht der Huf, natürlich nur für kurze Zeit, genau unter dem Hüftgelenk, so ist gar keine Muskelanspannung nötig; im zuletzt genannten Fall kommt es zu einer Aktivität der Hüftbeuger (des Iliopsoas). Der zuerst genannte Zustand ist als „Versammlung" (des Körpergewichts auf den Hinterbeinen) sehr angestrebt. Wegen der vorgegebenen Länge des Rumpfes, also des Körperabschnittes zwischen Vorder- und Hinterbeinen, ist das Vortreten der Hinterhufe immer mit einer „**Aufrichtung**" verbunden, d. h., die Schulter mit dem Widerrist steht höher als die Kruppe (= Begriff „Bergauf-Reiten" der Reitlehrer). Diese Aufrichtung wird noch verstärkt durch Beugung der großen Gelenke, also des Hüft-, Knie- und des Sprunggelenks. Man nennt das pauschal „**Hankenbeugung**".

Die weiter oben schon einmal genannten **Rippen** sind, zusammen mit den in schräger Richtung angeordneten Interkostalmuskeln, geeignete Strukturen, um den **Querkräften** und der **Torsion** (s. u.) Widerstand entgegenzusetzen. Pferde besitzen 18 bis 19 Rippenpaare, im Gegensatz zu den zwölf Rippenpaaren der Paarhufer. Die Form der (insbesondere der vorderen) Rippen ist bei den Paar- und Unpaarhufern sehr ähnlich (Preuschoft 2022).

Um sich fortzubewegen, muss jeder Vierfüßer und deshalb auch ein Pferd zwangsläufig mindestens einen Huf vom Boden abheben Zudem ruhen Pferde oft, indem sie eines ihrer Hinterbeine sichtbar entlasten. Sowie ein Huf nicht belastet ist, treten zwischen den Vorder- und Hinterbeinen, d. h. im Rumpf **Torsionsmomente** auf. Diese werden wie bei allen Lauftieren dadurch in Grenzen gehalten, dass auf dem Querschnitt die Abstände zwischen den beiden Vorderbeinen und den beiden Hinterbeinen gering sind. Natürlich spielt die Torsion des Rumpfes im Trab und in der Diagonalen des Galopps eine wichtige Rolle, wo die Gewichtskraft noch durch die Beschleunigung gegen die Massenträgheit vergrößert wird (vgl. Kapitel 6 Pferd in Bewegung mit kinetischen Betrachtungen). Torsionsspannungen konzentrieren sich an der Peripherie und lassen das Innere des Querschnittes ohne jede Beanspruchung. Das ist der Grund, weshalb im Innern des Rumpfes die Leibeshöhle existiert (**Abb. 8 a**), als ein Bereich, in dem keine inneren Kräfte auftreten. In der Leibeshöhle liegen die Eingeweide, also eine leicht verformbare, weiche, aber sehr schwere Masse. Hinter dem Schulterbereich ist die Rumpfwand stark nach außen gewölbt und leistet deshalb optimalen Widerstand gegen Torsion.

Die **Aufhängung des (schweren) Rumpfes** an den stützenden Gliedmaßen erfolgt hinten und vorne auf verschiedene Weise: Hinten besteht eine direkte, knöcherne Verbindung, gebildet aus Femurkopf und Hüftgelenk. Die Last fließt direkt vom Beckenskelett in die Extremität. Vorne hingegen ist der Rumpf mittels des M. serratus bzw. des M. pectoralis profundus zwischen den vorderen Rippen und der Oberkante des Schulterblattes bzw. dem Brustbein und dem Schultergelenk an Muskeln aufgehängt. Die sind in der Länge verstellbar, ihr Einsatz kostet aber Energie. Der Energiebedarf kann dadurch in Grenzen gehalten werden, dass Teile des Muskels aus Sehnenfasern bestehen. Diesen Unterschied in der Befestigung des Rumpfes an den Vorder- und Hintergliedmaßen weisen alle Vierfüßer auf.

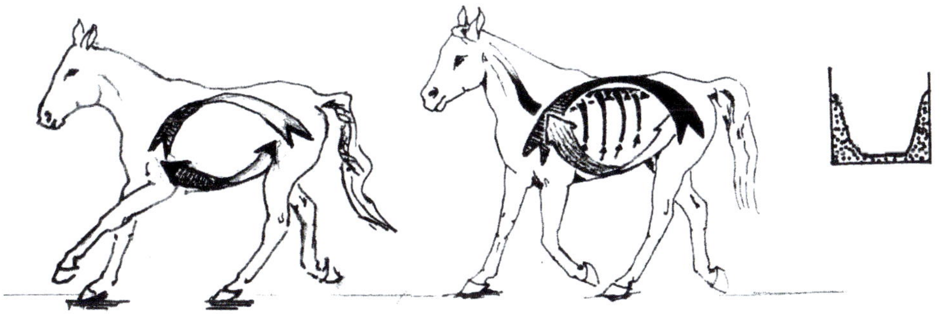

a b c

Abb. 8 a Pferd in der diagonalen Stützphase des Linksgalopps, **b** in der Stützphase des Trabs, beide mit dem Verlauf der Spannungen im Rumpf. In **c** sind auch die Rippen angedeutet, welche die Wirbelsäule auf Abstand von den Bauchmuskeln halten. Torsionsspannungen (punktiert) konzentrieren sich am Rand und lassen das Zentrum des tordierten Körpers (die Leibeshöhle) spannungsfrei.

Eine Antwort auf die Frage, warum der Unterschied zwischen vorderer und hinterer Extremität besteht, gibt ein einfacher **Versuch mit einer Leiter** (**Abb 9**). Zwei Personen mögen eine Leiter in der Weise tragen, dass jede in dem Zwischenraum zwischen zwei Leitersprossen steht und die eine Sprosse fest gegen die Rückseite ihres Beckens drückt. Das System gleicht dann einem Vierfüßer mit konstanter Rumpflänge: Die Leiter steht anstelle des längenkonstanten Rumpfes, die Beine der Träger entsprechen den vier Gliedmaßen. Gehen ist nur störungsfrei möglich, wenn beide sich im Gleichschritt bewegen. Jede Abweichung des einen Beinpaares vom anderen führt zu einem empfindlichen Stoß der Leitersprosse, der den Bewegungsablauf stört. Unterschiedliche Beinlängen, unterschiedliche Schrittlängen und Anpassungen an den Untergrund sind nur möglich, wenn einer der beiden Leiterträger die feste Verbindung zwischen seinem Becken und der Leitersprosse löst und das Gewicht der Leiter nur mit seinen beweglichen Armen trägt, wie es bei Vierfüßern der M. serratus macht, der sich damit von den Bewegungen des anderen Trägers entkoppelt.

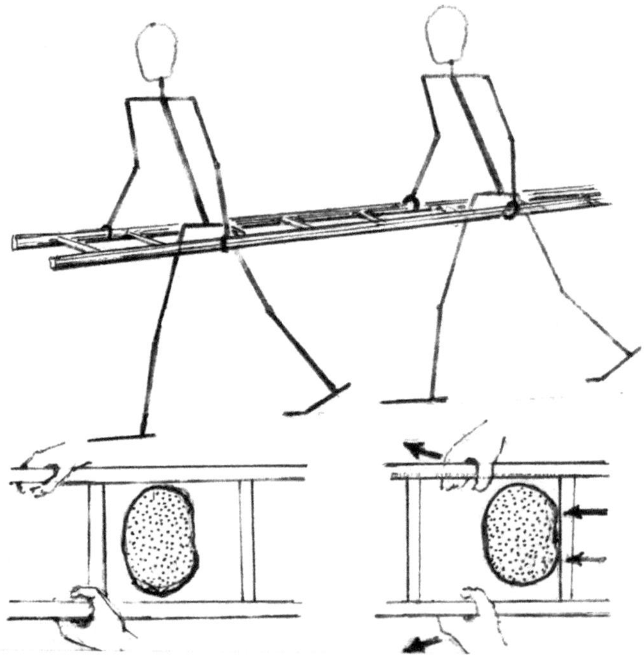

Abb. 9 Leiterversuch. Zwei Personen tragen eine Leiter, deren Sprossen sie fest an ihr Becken drücken. Wegen der unveränderlichen Länge der Leiter sind sie gezwungen, im Gleichschritt zu gehen. Freiheit in der Wahl der Schrittlänge und des Schrittrhythmus haben sie nur, wenn eine der beiden Aufhängungen entkoppelt ist.

Warum die Verbindung hinten im Hüftgelenk starr, an der Schulter vorne hingegen bei allen Tieren anpassungsfähiger ist, kann man sich leicht vorstellen: Bei allen Vierfüßern spielt die Fähigkeit zum schnellen Beschleunigen eine große Rolle, sowohl für das Fangen von schneller Beute als auch für das Entkommen beim Angriff eines Räubers (s. auch Preuschoft et al. 2024). Für eine schnelle Kraftübertragung von der Hintergliedmaße auf den Rumpf ist eine Skelettverbindung (= Hüftgelenk) besser als eine muskuläre (Schulterbereich). Hingegen kann sich das Tier beim Bremsen und Verlangsamen eine Dämpfung – über den elastischeren Schulterbereich – durchaus erlauben.

5.2 Gebiss und Zähne

Das Abrupfen von mechanisch widerstandsfähiger Nahrung wie Gräsern und Heu stellt einerseits hohe Anforderungen an das Gebiss, aber auch der Kopf als Ganzes und der Hals werden ziemlich hoch beansprucht. Die Verteilung der natürlichen Grasnahrung über i. d. R. große Flächen macht die Einsparung von Energie bei der Bewegung der Körpermasse sehr attraktiv.

Seit Hiiemae (1976 & 1978), Kay (1974) und Maier (1980) ist bekannt, dass das Kauen festen Regeln folgt: Der Unterkiefer wird gesenkt (opening stroke), seitwärts versetzt wieder beinahe geschlossen (closing stroke) und im „power

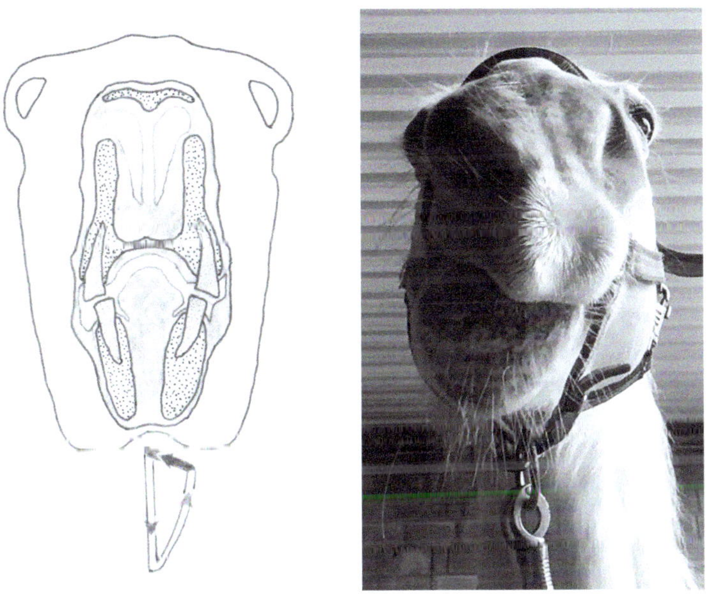

a b

Abb. 10 a Schnitt durch einen Pferdekopf. Weichteile grau, knöcherne Teile grob punktiert, Zähne fein punktiert. Im Hintergrund der sichtbare Umriss des Kopfes als Konturlinie. Unterhalb des Kopfes die Öffnungsbewegung (weißer Pfeil nach unten), die Schließbewegung (weißer Pfeil nach oben) und (schwarzer Pfeil, parallel zur Reibefläche der Zähne) der eigentliche Krafttakt (= power stroke). **b** Seitliche Auslenkung des Unterkiefers beim Blick von unten.

stroke" pressen die Backenzähne die zwischen ihnen liegenden Nahrungsteile. Alle drei bis vier Takte wird die Seite gewechselt. Wenn die Kronen der Backenzähne etwas nach außen geneigt sind (im Unterkiefer also Zungenseite der Kronen höher als die Lippenseite, im Oberkiefer umgekehrt), dann reiben die Zähne mehr aufeinander, als sie pressen. Dadurch werden die Partikel zwischen den Zähnen noch effektiver zerkleinert (**Abb. 10**).

Hinzu kommt noch die in der **Seitenansicht** erkennbare Reibung zwischen den Zähnen: Das **Kiefergelenk** liegt wie bei vielen Pflanzenfressern ein gutes Stück oberhalb der Kaufläche. Dies bedingt eine Verschiebung der Unterkieferzähne gegenüber den Oberkieferzähnen nach vorne, also ebenfalls eine Reibekomponente. Die ist entlang der Zahnreihe ungleich groß. Um die Längskomponente überall auf gleicher Höhe zu halten, muss die Zahnreihe leicht nach vorn-oben gekrümmt sein. So kommen alle Zähne gleichzeitig zum Einsatz. Auch das kann man an den Kiefern der Pflanzenfresser immer wieder sehen (vgl. dazu **Abb. 11**).

Der **Beiß- und Kauapparat** stellt den größten Teil der Masse des Kopfes dar. Der beginnt mit den Zähnen. Die Einteilung der Zähne erfolgte nach dem Schema, das sich beim Menschen findet: Schneide-, Eck-, Vorbacken- und Mahlzähne. Die erste Bezeichnung gilt bei Pferden noch einigermaßen, Eckzähne sind jedoch nur bei Hengsten und Wallachen ausgebildet, für die lange Lücke der „Laden" gibt es gar keine Entsprechung beim Menschen und die Vorbackenzähne sind den Mahlzähnen so ähnlich, dass man als Nicht-Spezialist keinen Unterschied erkennen kann.

Die nach vorn geneigte Stellung der **vorderen (Schneide-)Zähne** und die dahinter bestehende Lücke in den Zahnreihen (**Abb. 11**) bedürfen einer besonderen Erklärung, denn die Beißkraft, die bei der Adduktion des Unterkiefers entsteht, verläuft ja senkrecht zu den Zahnreihen und scheint damit die vorderen Zähne einer beträchtlichen Biegebeanspruchung auszusetzen. Nach Schlunk (2010), die verschiedene Weidetiere systematisch beobachtet hat, ist die Neigung der Schneidezähne aus der Technik des Grasrupfens zu erklären: Weidende Pferde wählen mit den Oberlippen und dem Geruchsorgan ihre

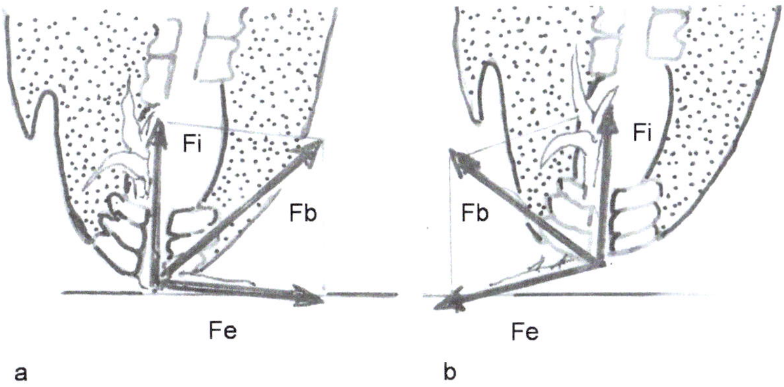

Abb. 11 Beanspruchung der Frontzähne beim grasenden Pferd. Beim Abrupfen von Grashalmen oder Grasblättern entsteht eine Zugkraft Fe, die im Maul ihre Fortsetzung in der Kraft Fi findet. Die Umlenkung der Kraft erfolgt an den unteren (**a**) oder an den oberen Schneidezähnen (**b**), wo eine Resultierende Fb zur Wirkung kommt. Diese Kraft variiert je nach der Richtung des Rupfens, aber verläuft immer in Richtung der Schneidezähne und ihrer Wurzeln.

Nahrung aus, fassen sie dann durch Zusammendrücken von Ober- und Unterkieferzähnen und rupfen die Halme durch kurze Bewegungen des Kopfes gegenüber dem Hals in regelmäßig wechselnder Richtung nach vorn, hinten oder einer der beiden Seiten ab. Beim Rupfen werden die bekanntermaßen recht zugfesten Halme zunächst durch die Wurzeln mit einer Kraft (F_e) am Boden festgehalten. An der äußeren, labialen Kante der Zähne ändert sich die Richtung der Zugkräfte, wobei eine Umlenkkraft (F_h) entsteht. Diese Umlenkkraft ist wesentlich größer als die auf die Grashalme ausgeübten Zugkräfte und sie verläuft ungefähr in der Richtung der Längsachse der Schneidezähne. Diese werden dann mit der Umlenkkraft genau in ihrer Längsrichtung axial in die Alveolen bzw. Zahnwurzeln gepresst. Hinter den Schneidezähnen befinden sich die von Reitern so genannten „Laden“, oder das anatomisch benannte „Diastema“, d. h. zahnlose Strecken der Unterkiefer, die mit der dicken und widerstandsfähigen, aber reich innervierten Mundschleimhaut überzogen sind. Oft ist eine recht schmale Kante am oberen Rand der Unterkiefer ausgebildet. In diesem anatomisch sehr sensiblen Bereich liegen und wirken die Gebisse der verschiedenen Zäumungen.

Die weit nach vorn geschobene Anordnung der Frontzähne unter Verlust des Anschlusses an die Mahlzahn-Batterien (also das „Diastema") vergrößert die Reichweite, sowohl beim Nahrungserwerb als auch beim Einsatz der Zähne in Kämpfen.

In den Schneidezähnen jüngerer Pferde sind Vertiefungen („Schmelzbecher" nach Nickel et al. 1968), genauer Einfaltungen des Zahnschmelzes ausgebildet, deren Funktion unbekannt ist und die bei anderen Tieren nicht bestehen. Bei ihrem Abrieb entstehen die sog. „Kunden", die später verschwinden und mit deren Hilfe man das Alter des Pferdes ganz leidlich schätzen kann.

Die **Vorbacken**- und **Mahlzähne** liegen dicht gereiht im hinteren Bereich der Kiefer, wo die Kaumuskeln im Vergleich zu den auf den Zähnen lastenden Kaukräften lange Hebelarme haben und entsprechend hohe Kräfte ausüben können. In rostraler Richtung, nach vorn, wo die Beißkräfte abnehmen würden, besteht eine breite Lücke in den Zahnreihen, eben das Diastema (siehe oben). Diese Anordnung findet sich in gleicher Weise bei den Paarhufern, in ähnlicher Form auch bei den Nagetieren. Wegen der sehr widerstandsfähigen, faserreichen Nahrung, die fein zerrieben wird, sind die seitlichen Kauzähne mit außerordentlich hohen Höckern ausgestattet, die durch „Zement" verbunden sind (**Abb. 12**, sog. „Hypsodontie"). Dieser Zement ist das einzige Material, das an einem Zahn nach dessen Durchbruch noch verändert werden kann. Auf der Kaufläche wechseln ab: knochenartiger Zement, der besonders harte Schmelz und Dentin, das anders aufgebaut ist als Knochen, aber ähnliche Eigenschaften hat.

Zement, Dentin und Schmelz werden unterschiedlich schnell abgerieben. Man kann sich die Wirkung vorstellen wie bei einem **Reibeisen** (**Abb. 12 c**). Die verbleibenden Leisten bilden auf den Seitenzähnen Muster, die bei allen Pferdearten gewisse Unterschiede aufweisen. Da besonders die widerstandsfähigen Zähne oft fossil erhalten bleiben, werden diese Muster von den Paläontologen und Taxonomen mit Wonne zur Unterscheidung von Pferdearten

Abb. 12 Schema von Zähnen mit niedriger und hoher Krone. **a** Die Höcker sind niedrig, wie beim Menschen. Sie werden mit dem Alter immer weiter abgekaut, wobei sich verschiedene Muster auf der Kaufläche bilden. **b** Die Höcker sind extrem hoch, die Täler dazwischen extrem tief, wie beim Pferd. Das Dentin (fein punktiert) ist von besonders hartem Schmelz (schwarz) überzogen, von außen lagert sich der weniger harte, knochenähnliche Zement (grob punktiert) an. Wenn sich solch ein Zahn abreibt, kommen auf der Kaufläche unterschiedlich harte Materialien in Kontakt mit dem Futter: Zement, Schmelz, Dentin. Wegen der hohen Höcker entstehen dann immer gleichbleibende Muster auf der Kaufläche. **c** Wegen der unterschiedlichen Härte wirken die Kauflächen wie Reibeisen. Umgezeichnet nach Lucas & Luke 1984.

herangezogen. Die hohen Kronen widerstehen lange Zeit dem Abrieb durch die sehr silikatreiche Nahrung. Er liegt bei ca. 2 mm im Jahr und stellt so die Lebensdauer der Pferde auf 20, 30, gelegentlich 40 Jahre ein. Der Verschleiß der Zähne ist somit kein wirkliches Problem, kommt aber bei gut betreuten alten Pferden vor, die dann mit entsprechendem Futter versorgt werden können. Zahnprobleme kann man an veränderten oder gar fehlenden Kaubewegungen erkennen.

Oben wurde bereits mehrfach angesprochen, dass Energie eine knappe Ressource ist. Sie muss durch Aufnahme von Nahrung und deren Verdauung gewonnen werden. Das gilt umso mehr, als Pferde in aller Regel höchst

minderwertige Nahrung aufnehmen: Heu und magere Gräser mit vielen trockenen, langen Halmen, Stroh, vertrocknete Blätter, Zweige. In allen diesen Stoffen steckt viel Zellulose, kaum Fett und nur wenig Eiweiß, das beides für uns Menschen einen wesentlichen Teil des Energiebedarfs deckt. Um Zellulose überhaupt nutzen zu können, halten viele pflanzenfressende Tiere in ihrem Darmtrakt Kulturen von Bakterien, die in der Lage sind, Zellulose zu verarbeiten. Die erzeugten Verbindungen können dann vom Pferd ausgewertet werden. Die „Fermentierung" im Blinddarm (Caecum) unterscheidet die Pferde (und die Hasen) von den Paarhufern, die das im unterteilten Magen, also im Vorderdarm erledigen lassen. Zur Vorbereitung der Verdauung immerhin wird die oft sehr harte Nahrung durch Kauen in kleine Stücke zerlegt, die insgesamt eine sehr viel größere Oberfläche haben als die ursprüngliche Nahrung. Während Pferde das Zermahlen ihrer Nahrung unmittelbar nach dem Abrupfen vornehmen, trennen die **Wiederkäuer** (später! als Pferde entstanden mit verändertem Darmapparat) die beiden Arbeitsgänge, das Aufnehmen und das Zermahlen. Als Folge dessen benötigen Pferde deutlich längere Zeit für das Weiden als die etwa gleich großen Rinder, und die den Darm passierenden pflanzlichen Partikel haben den doppelten Durchmesser (0,8 mm) wie bei den Wiederkäuern, ihre Ausnutzung ist infolgedessen schlechter (Clauss et al. 2006). Die Fermentierung im Blinddarm macht die Pferde auch anfällig für die gefürchteten Darmkoliken.

Der Kopf des Pferdes ist mit seinen großen Zähnen und dem entsprechend stark ausgelegten Ober- und Unterkiefer sowie dem Halteapparat nicht gerade leicht. Die Muskulatur des Gebisses ist gleichfalls massiv und deshalb schwer. Schließlich ist auch die Mundhöhle an den Seiten durch die fleischigen Wangen abgeschlossen, die ebenfalls ihr Gewicht haben. All das summiert sich zu dem sehr hohen Gewicht des Kopfes.

5.3 Kopf

Der Kopf eines durchschnittlichen Pferdes wiegt um die 30 bis 40 kg. Diese nach vorn überhängende Masse („Kragarm") gibt zusammen mit dem langen Hals ein beträchtliches Lastmoment.

Der Kopf enthält eine geräumige Nasenhöhle, welche die Passage ganz bedeutender Luftmengen zulässt. Außerdem enthält der Kopf die Sensoren für den Gleichgewichtssinn und einen unglaublich feinen Geruchssinn, mit dem ein Pferd beim Grasen oder Fressen von Heu in kürzester Zeit eine Auswahl zwischen bekömmlichen und nicht schmackhaften Teilen treffen kann, und mit dem es den Zustand seiner Umgebung – auch seiner Menschen! – ständig beobachtet. Die Auswertung der Sinneseindrücke, die uns Menschen verschlossen sind, erfolgt in einem beachtlich großen Gehirn. Das Gehör der Pferde ist deutlich feiner als dasjenige der Menschen, sie hören hohe und tiefe Frequenzen, die wir gar nicht wahrnehmen.

Eine Besonderheit der Pferde gegenüber vielen anderen Huftieren, den Schweinen und Hornträgern, besonders gegenüber den etwa gleich großen Rindern besteht in der geringen Größe der Nackenebene (Planum nuchale). Das darunter liegende **Hinterhauptsgelenk** bildet das Genick und ist nach dorsal verschoben. Dadurch ist der **Kraftarm der Nackenmuskeln** und des **Nackenbandes** mit 7,5 cm langen Hebelarmen entsprechend kurz (**Abb. 13 a**). Deshalb können sie keine großen Drehmomente entfalten. Vielleicht liegt hierin ein Grund dafür, dass man Pferde so leicht beherrschen kann, wenn man sie am Kopf oder an der Nase anfasst. Diesem Nachteil steht aber auch ein Vorteil gegenüber, nämlich die Schnelligkeit der Kopfbewegung (**Abb. 13 b**). Kurze Hebelarme bedeuten hohen Kraftaufwand, aber auch schnelle Beweglichkeit. Die Bewegungsausschläge in **Abb. 13 b** entsprechen den Winkelfunktionen des Winkels α. Die absolute Länge des zurückgelegten Weges, also der Gegenkathete, ist proportional der Länge des jeweiligen Hebelarms. Es kommt demnach auf das Verhältnis der Kopflänge zur Nackenhöhe an. Wenn ein Nackenmuskel sich in einer Zeiteinheit um, sagen wir, 1 cm verkürzt, bedeutet das bei einem langen Kraftarm von, sagen wir 15 cm (wie etwa beim Rind) und einer Schädellänge von 60 cm einen Bewegungsausschlag des Mauls von 4 cm pro Zeiteinheit, bei einem kurzen Kraftarm von nur 7,5 cm (wie etwa beim Pferd) aber einen höheren Ausschlag von 8 cm. Jeder, der mal ein schnappendes Pferd geputzt hat, weiß, wie schwer es ist, das Pferd durch einen Klaps auf die Schnauze abzuwehren. Es ist einfach zu schnell!

Studien, welche die **Form des Kopfes** von Pferden biomechanisch vollständig erklären könnten, liegen nicht vor. Arbeiten über die Schädel anderer Tiere (z. B. Primaten einschließlich des Menschen, Witzel & Preuschoft 2002, Preuschoft & Witzel 2004; Reptilien, insbesondere Dinosaurier, Witzel 2011)

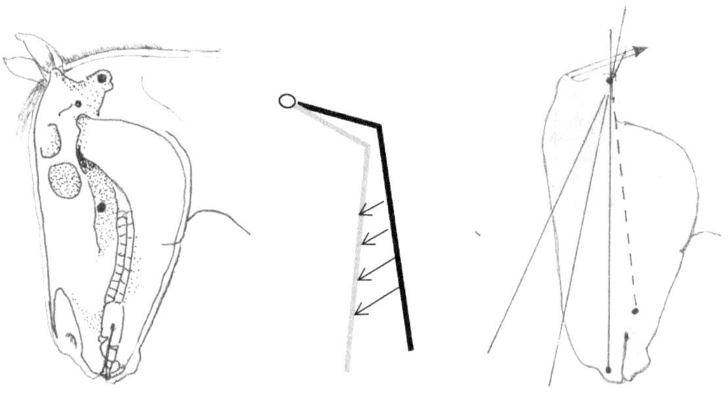

a b c

Abb. 13 a Pferdeschädel mit dem Schwerpunkt senkrecht unter dem Genick. In dieser Stellung ist keinerlei Spannung in den Zugstrukturen des Nackens erforderlich. Allein der elastische Zug des Nackenbandes kommt zur Wirkung und hebt die Stirn-Nasen-Linie vor die Senkrechte (s. o.). **b** Der hohe Muskel- und Gelenkast des Unterkiefers bewirkt eine vorwärts gerichtete Verschiebung des Unterkiefers beim Kauen, und die Krümmung der Zahnreihen des Unter- und Oberkiefers führt dazu, dass alle Ober- und Unterkieferzähne annähernd gleichzeitig in Kontakt kommen. **c** Je kürzer der Kraftarm im Nacken, umso größer der Ausschlag der Schnauze. Drei unterschiedlich lange Kraftarme sind dargestellt, zusammen mit den Verbindungslinien zwischen Genick und Mundspalte. Weil der Kraftarm der Muskeln am Genick kurz ist, die Entfernung vom Drehpunkt (=Atlanto-occipital-Gelenk) bis zu den vorderen Zähnen aber lang, führen schon sehr kurze Kontraktionen der Muskeln zu erheblichen Ausschlägen der Schnauze.

mit Hilfe der FES-Methode haben gezeigt, dass die sehr starke Adduktoren-Muskulatur des Unterkiefers so aufgeteilt und angeordnet ist, dass in allen Richtungen Gleichgewicht gegen die Beißkräfte gehalten werden kann. Dadurch bleiben die Biegemomente im Ober- und Unterkiefer relativ niedrig. Die Gestalt von Unter- (Gössling 2010) und Oberkiefer (Witzel & Preuschoft 2005) lässt sich in den vorliegenden Studien an anderen Tieren vollständig als Resultat der Druckspannungen erklären, die beim Beißen und Kauen auftreten. Vorgegeben werden musste lediglich die Lage der Zahnreihen im Verhältnis zur Hirnkapsel und die Lage der Augen, beides Merkmale, die überzeugend aus der biologischen Rolle des Gebisses und der Sinnesorgane abgeleitet werden können. Man kann bei dem aktuellen Wissensstand lediglich annehmen, dass die Schädelform der Pferde ebenfalls als Folge des Flusses der mechanischen Spannungen zu erklären ist, die beim Beißen und Kauen entstehen.

Pfretzschner (1997/98) hat in einer breit angelegten vergleichenden Untersuchung der **Schädel** von heutigen und fossilen Huftieren festgestellt, dass die ständig wachsenden hochkronigen Molaren hinreichenden Raum zwischen den Zahnreihen und Augen sowie dem Hirnschädel erfordern. Dieser Raum wird durch Verlagerung des Gehirns nach oben (occipital) und Kippung der Schädelbasis nach oben aufwärts geschaffen. Gleichzeitig verbreitert sich das Großhirn, und der Temporalismuskel wird reduziert. Die Augen wandern nach hinten-oben, womit sie auch in eine Position geraten, die beim Grasen eine bessere Übersicht ermöglicht.

5.4 Hals und elastisches Nackenband

Der lange Pferdehals hat wie der Kopf ebenfalls ein erhebliches Gewicht und bringt den Kopf in seine Position. Die erste Frage in diesem Zusammenhang ist natürlich, welchen Vorteil ein langer Hals dem Pferd bietet. Die Antwort geht aus **Abb. 14** hervor.

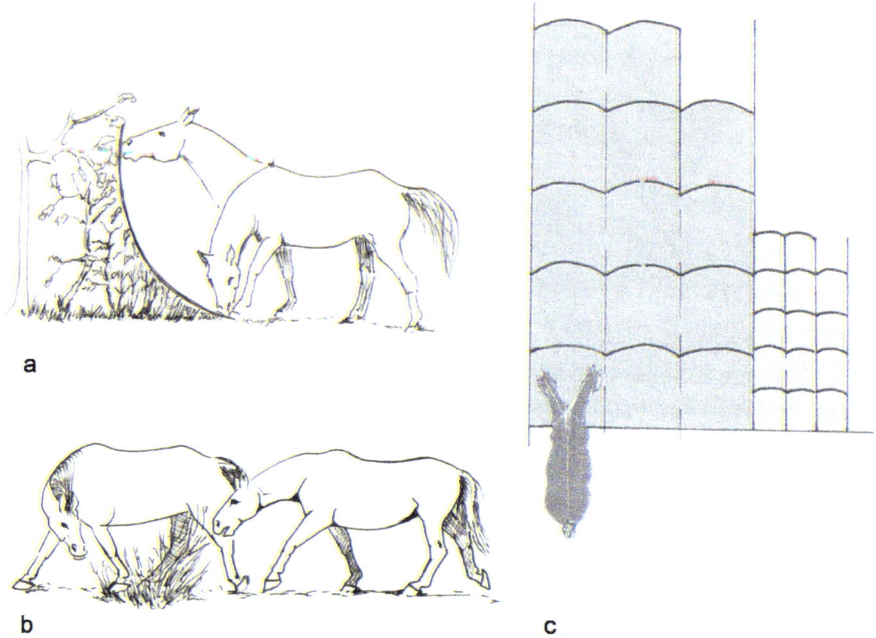

Abb. 14 a Mit seinem langen Hals kann ein Pferd ein recht großes Volumen kontrollieren und abfressen, ohne seine ganze Körpermasse in Bewegung setzen zu müssen. **b** Das Pferd kann auch recht lange an einem Strauch fressen, ohne seine Vorwärtsbewegung zu ändern. **c** Auch ohne die Halslänge voll auszunutzen und ohne seine Masse zu bewegen, kann ein langhalsiges Tier (linke Seite) eine größere Fläche abweiden als ein Tier mit einem kürzeren Hals (rechte Seite).

Obgleich Pferde wie alle Säugetiere nur sieben Halswirbel besitzen, ermöglicht ihr langer Hals wie bei vielen pflanzenfressenden Lauftieren, den Kopf mit den greifenden Lippen und den Zähnen in einem großen Raum zu bewegen. Die Gesamtlänge von Hals und Kopf (ca. 1 m) erlaubt es dem Tier, ein großes Volumen (1 m³) der Vegetation mit der Nase, den Lippen und den Kiefern zu kontrollieren und ggf. abzufressen, ohne sich vom Fleck zu bewegen (**Abb. 14 a**). Den Beobachtungen von Schlunk (2010) zufolge wird auf üppigen Weiden in aller Regel nicht das gesamte erreichbare Volumen abgesucht und abgefressen, sondern die Tiere beschränken sich auf den am bequemsten erreichbaren Ausschnitt von 20° zu beiden Seiten der Mittellinie und auf die

Bereiche unterhalb der Schulterhöhe. Die Pferde vermeiden damit Verdrehungen (= Torsionen) besonders der Halsbasis, wie sie von Preuschoft et al. 2011 (allerdings für besonders langhalsige Dinosaurier) beschrieben worden sind. Gerade der – in Ansicht von oben – schmale Hals von Pferden ist nicht so sehr gut geeignet, die dadurch entstehenden Torsionsmomente aufzunehmen. Auch für Giraffen sind derartige Einschränkungen des tatsächlich genutzten Volumens bekannt. Das tatsächlich genutzte Volumen errechnet sich als Bruchteil des Volumens einer Kugel, deren Mittelpunkt in der Halsbasis liegt und deren Radius Halslänge + Kopflänge ist. Der für das Pferd erreichbare Kugelsektor ist durch die Winkel der seitlichen Auslenkung des Halses 90° als Maximum und 40° als übliche Auslenkung nach Schlunk (2010) und den Winkel der Hebung des Kopfes begrenzt (**Abb. 14 c**). Ist dieses Volumen erschöpft, muss das Pferd seinen Standort wechseln, um an neues Futter heranzukommen. Gerade für große, schwere Tiere ist das Beschleunigen für und das Wiederanhalten nach einem Ortswechsel „energetisch teuer", die Länge des Halses vermindert die Zahl der erforderlichen Ortswechsel (**Abb. 14 c**). Man stelle sich als Vergleich einen LKW vor, den man mit vielen kleinen Bewegungen manövrieren muss. Das verbraucht Treibstoff und wird nach Möglichkeit vermieden. Wenn das erreichbare Volumen abgefressen ist, muss das Tier unter Beschleunigung und Wiederabbremsen seiner Körpermasse den Standort wechseln. Je seltener diese Ortswechsel stattfinden, umso geringer der Energiebedarf (vgl. Preuschoft et al. 2011). In vielen Fällen vermeiden Pferde – ebenso wie andere große Weidetiere auch – die Beschleunigungen, indem sie während der Nahrungsaufnahme in gleichmäßiger, aber sehr langsamer Bewegung bleiben.

Die Länge des Halses erlaubt einem Pferd auch, bestimmte Pflanzen zu erreichen, während es sich vorwärtsbewegt (**Abb. 14 b**). Wohl jeder Reiter hat es schon einmal erlebt, dass sein Pferd sich vorwärts streckt, um einen offenbar verlockend aussehenden oder gut riechenden Strauch zu erreichen und von dem im Vorübergehen so viel mitzunehmen wie möglich, ohne sein Tempo wesentlich zu ändern. Der Hals wird weit nach hinten gebogen, um mit den

a

b

c

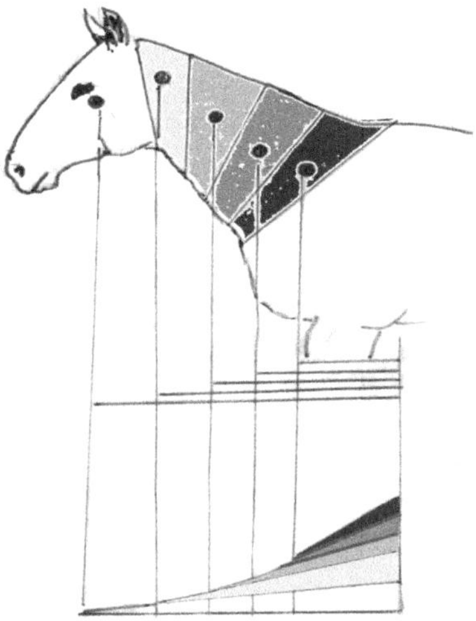

Abb. 15 Gewichtsanteile des langen Pferdehalses: **a** Den Hals eines Pferdes kann man in Abschnitte zerlegen, deren jeder sein Gewicht hat. Diese Gewichtsanteile multipliziert mit ihren Hebelarmen **b** ergeben die Biegemomente an der Basis des Halses. Die sind in **c** übereinander gezeichnet und ergeben so eine parabolisch gekrümmte Hüllkurve.

Zähnen und Lippen lange am Objekt der Begierde zu bleiben. Die große Masse des Körpers bleibt in ihrem Bewegungszustand ohne Verzögerung und die darauffolgende Beschleunigung, allein das Maul bleibt am Ort. Je länger der Hals, umso länger die Verweilzeit ohne Minderung der Fortbewegung.

Der lange und schwere Pferdehals wird durch verschiedene anatomische Strukturen gehalten und bewegt. Da der Reiter i. d. R. ein hohes Interesse an der Kopfstellung des Pferdes hat, wird im Folgenden versucht, diese anatomischen Gegebenheiten zu erklären. Dabei stellt sich heraus, dass das Pferd seinen Kopf mit relativ wenig Muskelkraft bewegen kann und das Gewicht des Kopfes primär durch ein elastisches Nackenband gehalten wird. Auch der Einfluss der „Oberhals-" und „Unterhals-Muskelgruppen" auf die Kopfbewegung wird erklärt.

Statisch gesehen ist der **Hals** ein Freiträger mit einer Verspannung, die an den langen, nach hinten geneigten Brustwirbel-Dornen des Widerrists an-

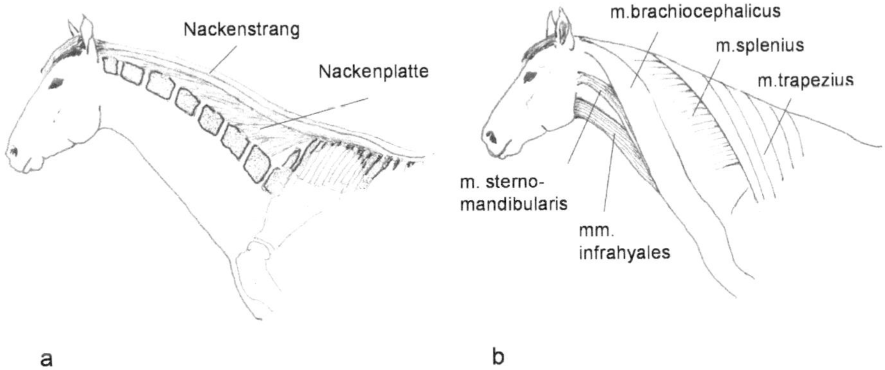

Abb. 16 a Das elastische Nackenband besteht aus zwei Teilen: dem Nackenstrang und der Nackenplatte. **b** Die wichtigsten Muskeln im Pferdehals: M. trapezius, M. splenius und M. brachiocephalicus (der M. rhomboideus ist verdeckt), die langen Zungenbeinmuskeln M. sternomandibularis und Mm infrahyales.

setzt. Die Abschnitte des Halses haben nach caudal (hinten) zunehmende Gewichte (**Abb. 15 a**), die mit den jeweiligen Hebelarmen (**Abb. 15 b**) nach hinten zunehmende Biegemomente ergeben. In **Abb. 15 c** ist die Fläche der Biegemomente dargestellt, die durch das Gewicht allein des Kopfes und der Halssegmente verursacht werden. Alle Biegemomente addieren sich an jeder Stelle des Halses zu einem Gesamtwert. Diese Werte wachsen nach caudal exponentiell (also schneller als linear) an. In Höhe der Zwischenwirbelgelenke werden die belastenden Momente umso größer, je weiter nach hinten man fortschreitet (weil die Hebelarme der Last immer länger und diese selbst immer größer werden), und erreichen ihr Maximum zwischen den Wirbeln C7 und Th1.

Den Biegemomenten des Gewichts wirken die Drehmomente der dorsalen Halsmuskeln und des **elastischen Nackenbandes** entgegen (**Abb. 16**). Dieses besteht aus den zwei etwa daumendicken, dicht nebeneinander liegenden elastischen Nackensträngen und der ebenfalls elastischen Nackenplatte, die unpaar zwischen den Muskelpaketen beider Seiten die Wirbel mit dem Nackenstrang, vor allem mit dem Widerrist verbindet. Der die gesamte Halslänge überspannende Nackenstrang hat im proximalen Halsteil sehr lange Hebelarme und deshalb ein großes Moment, im distalen, kopfnahen Teil jedoch nur kurze Hebelarme. Deshalb würde er, allein wirkend, den Hals in eine dorsal flektierte Stellung (d. h. in einen ausgeprägten Hirschhals) bringen. Tatsächlich ist seine Spannung nicht hoch genug, um den Kopf und Hals allein zu tragen, vielmehr müssen die Fasern der Nackenplatte einen Teil der an der Halsbasis erforderlichen Zugkraft übernehmen. Ein gleichsinniger Einfluss der interspinalen und der interlaminaren Bänder ist möglich, allerdings haben diese Strukturen nur ganz kurze Hebelarme und müssten deshalb sehr hohe Kräfte aufbringen. Die passiv wirksamen Bänder sind vorgespannt, um ihre Kraft entfalten zu können. Schlafende (auch sedierte) Pferde, deren Muskulatur weitgehend ausgeschaltet ist, tragen den Kopf tief.

Natürlich können die Muskeln Hals und Kopf in jede beliebige Stellung bringen. Für die Muskeln (**Abb. 16 b**) gilt ebenfalls, dass ein erheblicher Teil ihrer Zugkraft auf die unteren, caudalen Halswirbel wirken muss, um diesen Abschnitt an einer unmäßigen Dorsalflexion zu hindern. In der Wirbelsäule führen die Zugstrukturen zu erheblichen Druckkräften, die nach caudal bis zu den Brustwirbeln immer größer werden.

Das Nackenband bringt umso mehr Kraft auf, je länger es gereckt wird. Wird es durch Tiefstellen des Kopfes gedehnt, so hält seine Kraft den Kopf mit dem Maul etwa in Höhe des Carpalgelenks oder etwas höher fest. Das ist auch die oben erwähnte Ruhe- und Schlafstellung, in welcher die Muskeln entspannt sein können. Will das Pferd den Kopf noch tiefer senken, etwa zum Fressen kurzen Grases, so muss es Muskelkraft aufwenden, um das Nackenband noch weiter zu dehnen. Der Nackenstrang ist auf seine Zugkräfte und elastischen Eigenschaften mehrfach untersucht worden, die Nackenplatte (Lamina) wird hingegen in aller Regel nicht berücksichtigt. Eine gründliche Untersuchung der mechanischen Eigenschaften des Nackenbandes findet sich bei Gellmann & Bertram (2002 a).

Zur freien Wahl der Kopfstellung sind die dorsalen „Oberhals-Muskeln", also die Mm. splenius cervicis et capitis, der M. trapezius, M. rhomboideus sowie kurze Rückenmuskeln unentbehrlich (vgl. **Abb. 16 b**). Die Aktivität der Mm. trapezius, splenius sowie des M brachiocephalicus sind durch Kienapfel et al. (2018) perfekt erklärt. Als „Unterhalsmuskel" kommt vor allem der M. longus colli in Frage, welcher den Wirbelkörpern direkt aufliegt und deshalb nur sehr kurze Hebelarme besitzt. Zu den „Unterhalsmuskeln" eines Pferdes zählt vor allem auch wieder der M. brachiocervicalis, der dem M. sternocleidomastoideus des Menschen ähnelt. EMG-Aufzeichnungen (Elektromyogrammen, Kienapfel 2014) zeigen, dass dieser Muskel ganz eindeutig zum Vorschwingen der Vorderbeine dient. Die Aktivität dieses Muskels verursacht auch das leichte Nicken des Kopfes im Schritt. Im Trab kommt es nicht zu einem Nicken, wahrscheinlich, weil die entgegengesetzte Wirkung auf der anderen Seite so früh erfolgt, dass keine Bewegung sichtbar wird. Immerhin fällt der Zug am Zügel im Trab bei jedem Vorschwingen eines Beines kurzeitig ab. Das gibt einen Hinweis auf die Wirkung des M. brachiocephalicus auf den Kopf. Mit der über längere Zeit beibehaltenen Stellung des Halses und des Kopfes hat er anscheinend nicht viel zu tun. Gegenüber dem Genick beträgt der Hebelarm des M. brachiocephalicus, ebenso wie derjenige anderer Beugemuskeln, immerhin fast 20 cm. Dieser lange Hebelarm führt zum o. g. Nicken des Kopfes im Schritt.

Als aktive Beuger kommen allein die „Zungenbein-Muskeln", zwischen Sternum und Mundboden, vor (ventral) der Luftröhre in Betracht (**Abb. 16 b**). Von ihnen ist der größte der M. sternohyoideus sowie seine Fortsetzungen zwischen Zungenbein und Unterkiefer. Diese Muskeln werden in der Anatomie herkömmlich nicht zum Bewegungsapparat, sondern zum Verdauungstrakt (Kopfdarm) gezählt und deshalb bei „funktionellen" Betrachtungen nicht beachtet. Eine experimentelle EMG-Untersuchung dieser Muskeln am bewegten Pferd fehlt leider. Selbstversuche zeigen immerhin, dass beim Menschen eine Flexion des Kopfes gegen Widerstand zu einer Kontraktion der Unterzungenbeinmuskeln führt. Einfaches Tasten führt beim Pferd zum glei-

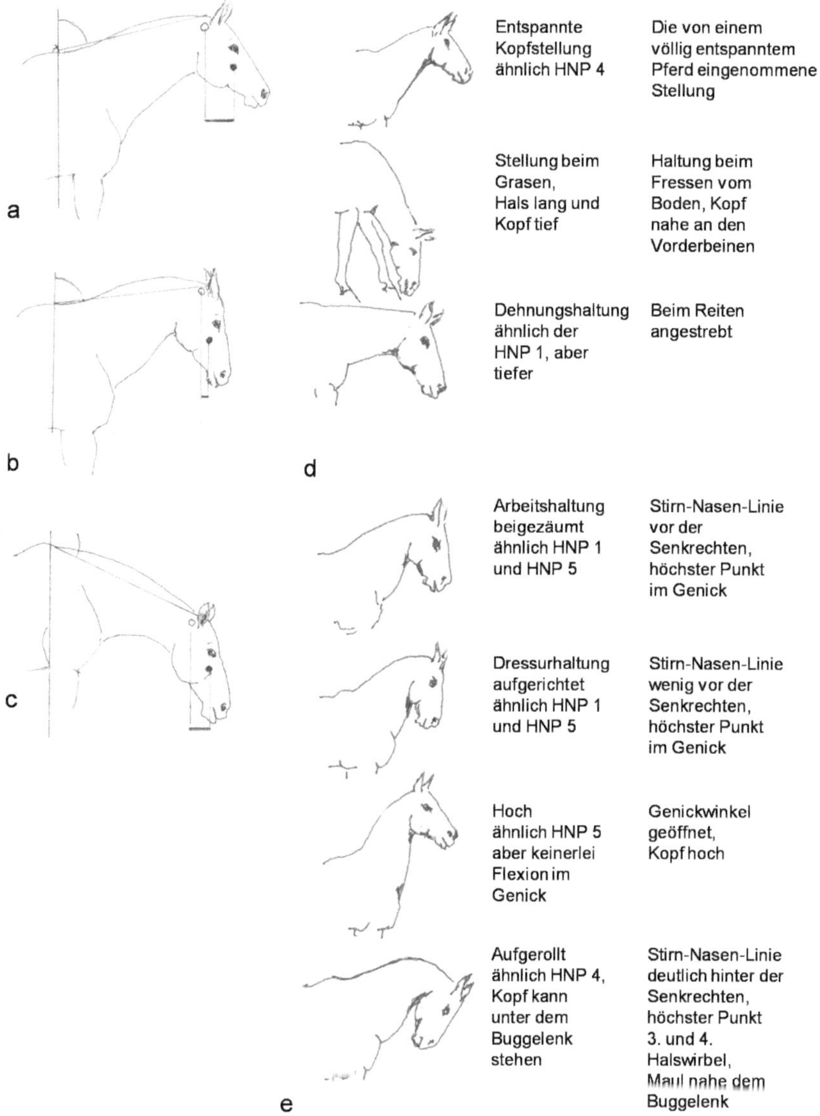

Abb. 17: **a** Entspannte Stellung des Kopfes bei einem freien Pferd. **b** Leicht zurückgenommener Kopf bei „Anlehnung" am Zügel. **c** Kopfstellung in tiefer Sedierung. **d** Unterschiedliche Kopf-Nacken-Stellungen, von denen das Pferd einige von sich aus einnimmt. Die rechte Spalte enthält die Bedingungen für die Kopfposition, die linke die Beschreibung und HNP (= head neck positions). Nach Kienapfel & Preuschoft, 2011.

chen Ergebnis, wenn der Kopf aktiv gebeugt wird. Da außer den genannten Muskeln und dem (dicht vor der Wirbelsäule liegenden, deshalb schwer zugänglichen) M. longus colli gar keine „Unterhalsmuskeln" existieren, ist eine solche Aktivität auch zu erwarten.

Abb. 17 zeigt verschiedene Kopf-Hals Stellungen. Die Kopfstellung, in der im Genick wenig Drehmomente auftreten, ist durch die Lage des Kopf-Schwerpunktes unter dem Genick bestimmt (**Abb. 17 b**). Der elastische, keine Energie verbrauchende Zug der Nackenbänder führt zu einer Stellung der Stirn-Nasen-Linie vor der Senkrechten (**Abb. 17 a und c**), wobei die „normale" Kopfstellung (**Abb. 17 a**) eine gewisse Muskelaktivität erfordert, die dann schnell zur Verfügung steht, um die schon erwähnten sehr schnellen Bewegungen des Kopfes auszuführen. Kopfstellungen der **Abb. 14 d** nutzt das Pferd selbstständig. Kopfstellungen der **Abb. 14 e** entstehen durch Einwirkung des Reiters.

5.5 Widerrist

Die Wildequiden haben eine leichte, aber keine sehr ausgeprägte Erhebung im vorderen Bereich des Rückens (**vergleiche Kapitel 2.2 Abb. 2**). Unsere heutigen Reitpferde besitzen einen Widerrist, den man auch in älteren Pferdedarstellungen findet. Er ist allerdings unterschiedlich stark ausgeprägt.

Tatsächlich liegt ein Sattel – oder auch der Gurt eines Fahrgeschirrs – auf einem hohen Widerrist viel besser als auf einem glatteren Rücken. In Phasen einseitiger Belastung, etwa beim Aufsteigen, kann dann der Sattel schon mal verrutschen, was bei einem hohen Widerrist nicht geht (**vgl. Kapitel 5.5 und 8.4**).

Gegen den oben genannten Einfluss von Züchtungen sprechen Wildrinder, wie Wisent, Bison, Gaur, Yak, die einen noch höheren Widerrist, geradezu einen Buckel haben. Die Annahme, dass dies mit dem Einsatz der Hörner zu tun hat, passt ebenfalls nicht, weil afrikanische Büffel oder Rothirsche eben auch keinen ausgeprägten Widerrist besitzen, wohl aber ihre Stirnwaffen zu Zeiten ganz erheblich belasten.

Auch bei unklarer Entstehung und Ausprägung des Widerristes ist er für den Reiter ein nützliches anatomisches Merkmal, dessen Funktion die Gestaltung des Sattels berücksichtigen muss.

5.6 Gliedmaßen und Hufe

Die Extremitäten der Pferde sind völlig anders gebaut, als wir das aus der menschlichen Anatomie kennen. Es gibt aber Parallelen zwischen den Skelettelementen des menschlichen Arms (= Vorderbein des Pferdes) und des menschlichen Beins (= Hinterbein des Pferdes). Das sieht man am Beispiel der Vorderbeine in **Abb. 18.**

Pferde haben ihre langen Beine nicht entwickelt, um Räubern zu entkommen. Als sie ihre Körperform erwarben, gab es noch keine schnell laufenden Raubtiere (Janis & Wilhelm 1993). Wolfsähnliche Carnivoren entwickelten sich erst im obersten Tertiär. Die Gestalt der Pferde resultiert vielmehr aus der Notwendigkeit, weite Strecken in mäßigem Tempo (Schritt) zu überwinden, um an Wasser oder an nahrhafte Weidegründe zu kommen.

Wie bei allen Lauftieren sind auch bei den Pferden die rumpfnahen Segmente der Gliedmaßen, also Schulter, Oberarm sowie Becken mit Oberschenkel in den Körperstamm integriert. Die „freien" Gliedmaßen sind schlank und alle ihre Segmente sind ziemlich lang. Warum das so ist, lässt sich anhand der Fortbewegung verstehen und wird später behandelt. Zwischen dem Körpergewicht und den Bodenreaktionskräften (BRK) wirken fast ausschließlich Druckkräfte. Die Querschnittsflächen der Knochen erlauben es, auch extremen Druckkräften zu widerstehen. Das gilt besonders, weil die Gelenke sich nahe an den „Traglinien" befinden, die deshalb nur ganz kurze Lastarme besitzen und geringe Momente entfalten.

Im Hinterbein ist zwischen Femur und Tibia wie beim Menschen das Kniegelenk in Muskelmassen eingebettet, die ziemlich lange Kraftarme besitzen und deshalb bei geringem Krafteinsatz schon sehr hohe Momente entfalten

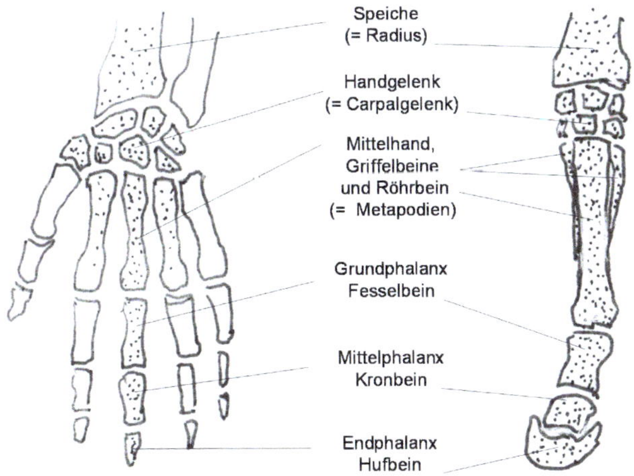

Abb. 18 Vergleich Mensch-Pferd, wobei das Pferd anstelle aller Unpaarhufer zu sehen ist. Umgezeichnet nach Nickel, Schummer, Seiferle, Tafel II, Abb. 116, Seite 120 (1967).

können. Am Vorderbein haben Pferde an der entsprechenden Stelle ein Carpalgelenk (**siehe Abb. 19**).

Das Sprunggelenk hingegen steht immer etwas hinter der Traglinie. Es wird mindestens teilweise energiesparend durch einen Bindegewebsstrang an der Stelle des oberflächlichen Zehenbeugers im Gleichgewicht gehalten, der zwischen distalem Oberschenkel und Fersenhöcker ausgespannt wie ein Schenkel eines Parallelogramms mittelbar von den mächtigen Streckmuskeln des Kniegelenks bewegt wird.

Die **Fesselgelenke** der Pferde entsprechen den Gelenken zwischen Mittelhand- oder Mittelfußknochen und Finger / Zehengliedern des Menschen. In einem Fesselgelenk treten immer beachtliche Drehmomente auf, denen zumeist die Beugemuskeln entgegenwirken. Die exzentrische Lage der Fesselgelenke zur BRK ist als Feder zu verstehen, die den Kraftstoß beim Niedersetzen des Hufs abdämpft. Eine solche Feder ist bei allen Huftieren ausgebildet. Wie schon Köhler (1993) gezeigt hat, kommt bei den meisten Paarhufern noch ein zweiter Federmechanismus im Mittelgelenk (= Krongelenk) zwischen dem

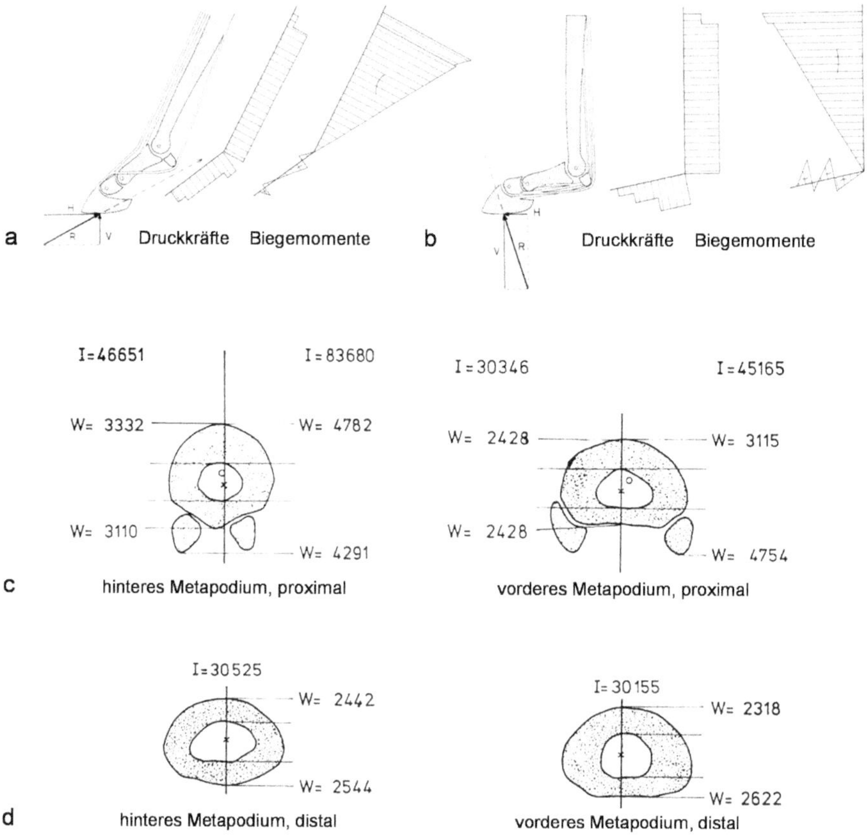

Abb. 19 Mittelfuß und Zehen eines Pferdes in Stellungen, die extreme Belastungen mit sich bringen. **a** Vorderfuß in einer späten Standphase. Die vertikale Last ist hoch, die BRK hat eine vorwärts gerichtete Komponente. Gleichgewicht wird durch die Beugesehnen eingestellt, die auch, zusätzlich zum Körpergewicht, die Phalangen und Metapodien zusammendrücken. Dadurch kann es in Extremfällen zu hohen Biegemomenten und Frakturen der Metapodien/„Röhrbeine" kommen. **b** Hinterfuß in einer ganz frühen Phase des Bodenkontaktes beim Springen. Die BRK hat nur geringe vertikale Komponenten, aber große Bremskomponenten. Die Fesselgelenke werden durch die Strecksehnen im Gleichgewicht gehalten. In den Phalangen und im Metapodium treten Druckkräfte und Biegemomente auf, die nach oben zunehmen. **c** und **d**: Querschnitte durch die Metapodien mit (oben) und ohne (unten) Griffelbeinen sowie ihren Widerstandsmomenten W. Die Griffelbeine erhöhen demnach die Biegefestigkeit der Metapodien. Aus Preuschoft & Fritz 1977.

Fessel- und dem Kronbein hinzu, mit dem nicht nur vertikale, sondern auch horizontale Kraftkomponenten gedämpft werden können. Das ist bei Pferden nicht der Fall, die sich auch hier als reine Steppenbewohner (nicht als Kletterkünstler im Gebirge) erweisen.

Wegen der Exzentrizität und des Federmechanismus der Fessel weicht die BRK auch von den Metapodien/„Röhrbeinen" ab und verursacht hier Biegemomente (**Abb. 19**). Die Griffelbeine erhöhen die Festigkeit gegenüber den Biegemomenten (Preuschoft & Fritz 1977).

Die Konzentration des Körpergewichts auf sehr kleine Flächen führt zu besonders hohen Reaktionskräften, die entsprechend widerstandsfähiges Material verlangen. Das Horn der Hufe stellt eine solche Armierung dar. Die Hornkappe ist mittels dicht stehender, straffer Bindegewebsfasern mit der verbreiterten Endphalanx, dem Hufbein, verbunden. Diese Verbindung kann erkranken und zu der äußerst schmerzhaften Rehe führen, die mit einer entzündlichen Lockerung dieser Faserverbindung einhergeht.

Unter Belastung erweitert sich der hintere Teil des Hufes zu den Seiten hin (sog. „Hufmechanismus") um 0,5 bis 1,9 mm. Das wird sichtbar an getragenen Hufeisen, die hinter den Nagellöchern feine, gerade, 40° von der Längsrichtung nach vorn-außen weisende Kratzer zeigen (Nieschalk 1981). Der vordere „Zehen"-Teil des Hufs hingegen bleibt starr. Das machen sich seit alters her die Hufschmiede zunutze – sicher nachgewiesen bei den Römern um das Jahr 600 herum –, indem sie die Nägel in diesen vorderen Teil des Tragrandes einschlagen und den hinteren Teil verschieblich lassen.

Die Verbreiterung des Hufes erfolgt proportional zur Höhe der getragenen Last und kann deshalb zur Abschätzung der auftretenden Bodenreaktionskräfte benutzt werden (**Abb. 20**). Die Verformung des Hufes unter Belastung kann dabei mit einem sehr kleinen und dünnen Messgerät (DMS = Dehnungsmessstreifen) festgestellt werden, welches die Änderungen von Verformungen elektronisch aufzeichnet. Im Trab und Galopp ist das Ausmaß der Verformung und der Rhythmus annähernd gleich. Im Schritt ist die Verformung etwa halb so groß und der Rhythmus natürlich langsamer. Die Ergebnisse der **Abb. 20**

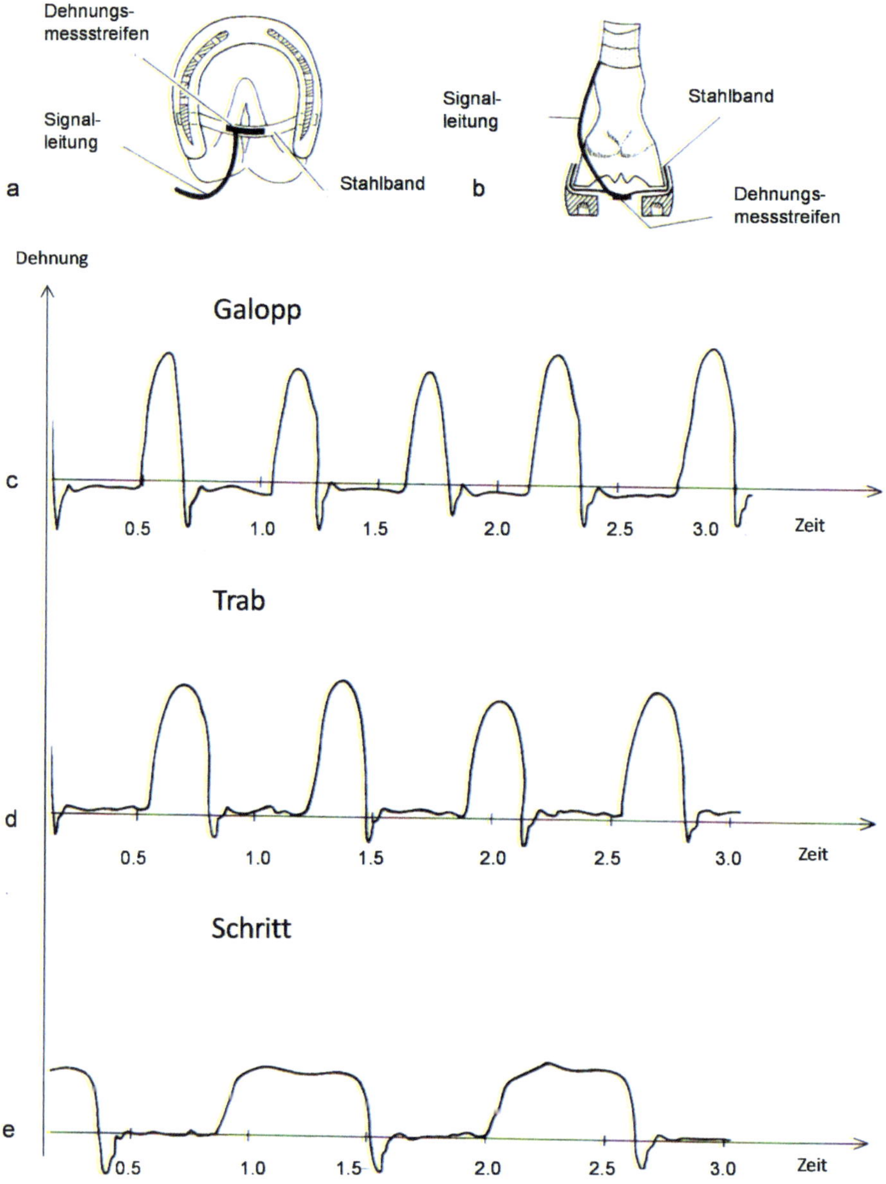

Abb. 20 a: Messung der Hufverformung unter Last in verschiedenen Gangarten: Huf von unten, **b** von hinten, mit einem Federstahlband und sogenannten DMS (Dehnungsmessstreifen) zur elektronischen Erfassung der Verformungen. Die erzeugten Signale im Schritt, Trab und Galopp zeigen eine hohe Konstanz. Nieschalk & Preuschoft 1981.

sind streng genommen schon Aspekte des Pferdes in Bewegung, dem sich nun das nächste Kapitel widmet.

Während die Überlegungen in diesem Kapitel in erster Linie rechnerisch erfolgten, wurden für die Belastungsuntersuchungen der Hufe Messmittel – in diesem Fall DMS (**vgl. Abb. 20 a**) – am Pferd befestigt. Es ist und war dabei selbstverständlich, dem Pferd durch die Messmethoden keinen Schaden zuzufügen und seine Bewegungen nicht zu beeinflussen. Mitarbeiter, Diplomanden und Doktoranden haben diese schonenden Methoden gern erarbeitet. Viele der im nächsten Kapitel vorgestellten Ergebnisse wurden mit meinem Pferd Patrik erzielt. Seine gute Ausbildung und Geduld haben dabei sehr geholfen.

6. Pferd in Bewegung

Die wichtigsten Beanspruchungen erfährt der Körper eines Pferdes bei der Fortbewegung. Pferde zeichnen sich wie alle Lauftiere durch ihre Fähigkeit aus, in mäßigem Tempo riesige Strecken (30 bis 50 km und noch weit mehr) zu überwinden oder über kürzere Strecken (von einigen Kilometern) sehr schnell zu laufen. Beides konnte ich Kenia beobachten. Die Zebras waren dauernd in Bewegung, sei es, dass sie nahrhafte Weidegründe suchen, sei es, dass sie den Weg zu einem Wasserloch gehen. Bei Gefahr, etwa bei einem Angriff durch Löwen, können sie sich mit hoher Geschwindigkeit in Sicherheit bringen. In jeder Fortbewegung werden die Hufe in einem regelmäßigen **zeitlichen Muster** aufgesetzt. Diese Muster werden **Gangarten** genannt.

6.1 Hufsetzungen

Das **räumliche Muster** der Hufsetzungen hat bislang nur wenig Beachtung gefunden. Wir haben mal die Fußspuren oder Fährten von Pferden in verschiedenen Gangarten ausgemessen und verglichen (Kienapfel et al. 2014). In allen Gangarten zeigte sich ein überraschend dichtes Muster von Stützphasen (**Abb. 21**).

6.2 Schritt und Tölt

In der Gangart Schritt gelten die folgenden Überlegungen sowohl für Vierbeiner als auch den zweibeinigen Menschen. Die **Schrittlänge** (s) hängt vom Auslenkungswinkel und im Wesentlichen von der Länge der Beine ab (**Abb. 22**) sowie von der **Frequenz** der Schrittzyklen (F). Hier liegt auch ein Grund für die auffallend langen Beine von Fohlen und neugeborenen Kälbern und Kit-

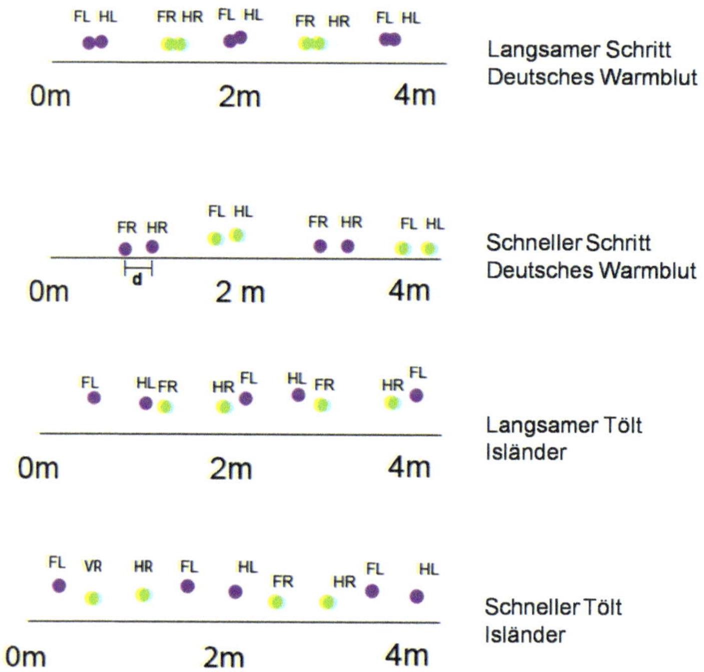

Abb. 21 Fährten in verschiedenen Gangarten. Die Zuordnung der Hufe (links violett, rechts grün, F= front (vorn), H= hint (hinten)) wurde anhand von Video-Aufzeichnungen der gleichen Läufe vorgenommen. Das oft besprochene „Übertreten" der Hinter- über die Vorderhufe hängt zwar von der Geschwindigkeit ab, ist aber in manchen Gangarten besonders ausgeprägt. Der „Passtrab" der Isländer ähnelt dem schnellen Trab, aber die dicht beieinandersitzenden Abdrücke

zen: Nur mit langen Beinen ist eine Schrittlänge zu erreichen, die es erlaubt, mit den Erwachsenen mitzuhalten.

Die Geschwindigkeit V errechnet sich über die Schrittlänge S und Schrittfrequenz F nach:

$$V\ [m/s] = S\ [m] * F\ [1/s]$$

Der Auslenkungswinkel wird so gewählt, dass die BRK (Bodenreaktionskraft) möglichst parallel zu den Gliedmaßen verläuft. Natürlich kann jedes Pferd

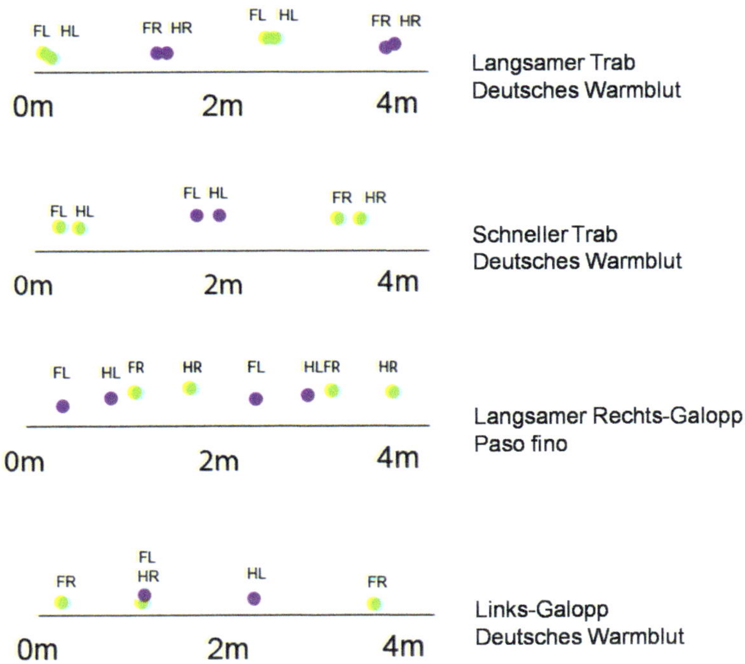

stammen dann von Hufen verschiedener Seiten, nicht der gleichen. Das scheinbare „Übertreten" kommt dabei durch contralaterale, nicht gleichseitige Hufe zustande. Den größten Abstand zwischen den Hufspuren im Galopp kann man bei der „Diagonalen" sehen. Anscheinend ist der Galopp ein Mittel, um im Interesse der Sicherheit und der Nachbeschleunigung ständig wenigstens einen Huf am Boden zu haben. Aus Kienapfel et al. 2014.

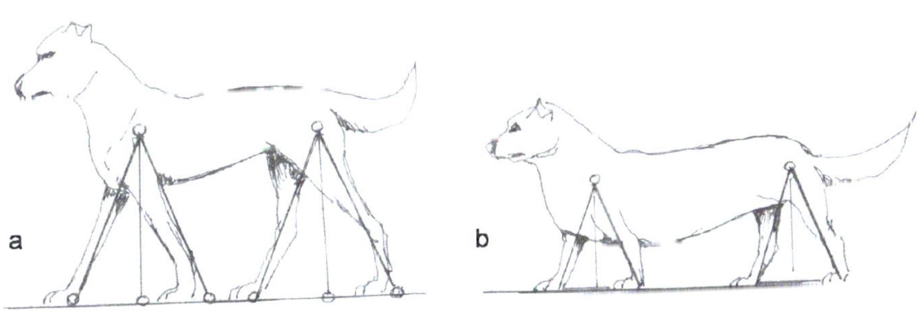

Abb. 22 a Langbeiniger und **b** kurzbeiniger Hund von gleicher Größe. Die Auslenkungswinkel der Vorder- und Hinterbeine sind bei beiden Hunden gleich groß. Die Schrittlänge ist bei Vorder- und Hinterbein gleich groß und entspricht bei einem Auslenkungswinkel von 45° etwa der Beinlänge.

(wie auch jeder Mensch) mit längeren oder kürzeren Schritten gehen. Die optimale, am wenigsten Energie erfordernde und dabei schnellste Fortbewegung aber regelt sich bei etwa 1–1,5 m/s ein. Dieser Wertebereich gilt für Pferde und Menschen gleichermaßen, da sie eine ähnliche Beinlänge haben (!). Längere Schritte lassen die BRK von der Achse des Beines abweichen und müssen infolgedessen mit Muskelkraft gegenüber dem Rumpf im Gleichgewicht gehalten werden. Kürzere Schritte sind möglich, aber langsamer.

Man kann die Schrittbewegung auch mit einem Pendel vergleichen, bei der das Gewicht des Beines entsprechend dem Auslenkungswinkel des Beines geschwungen wird. Das gilt in der Phase, in der das Bein **ohne** Bodenkontakt vorgeschwungen wird. Das stehende und belastete Bein unterliegt dabei **nicht** dem Pendelgesetz. Die **Dauer** einer kompletten Pendelschwingung (Bein nach vorn und wieder zurück) ist dabei unabhängig vom Gewicht des Pendels (Gewicht des Beines) und berechnet sich wie folgt:

$$\mathbf{T\ [s] = 2 * \pi * \sqrt{L\ [m] / 9{,}81\ [m/s^2]} = Funktion\ (L)}$$

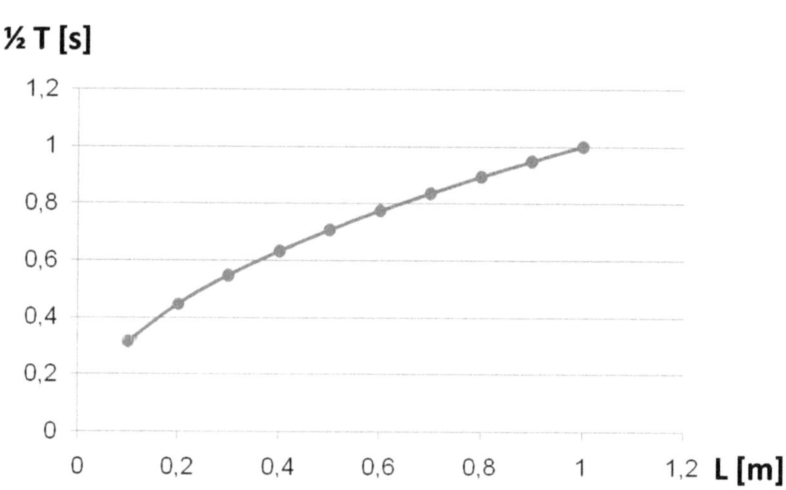

Abb. 23 Die benötigte Zeit für einen Schritt (= halbe Pendeldauer T) nimmt mit wachsender Pendellänge (= Beinlänge) zu.

Durch diesen Zusammenhang ist die Dauer eines Schrittes je nach Schrittlänge begrenzt (**Abb. 23**).

Bei höheren Geschwindigkeiten verschiebt sich der Abstand zwischen Drehpunkt und Massenmittelpunkt der Gliedmaße. Je höher ein Bein gehoben wird, umso kürzer ist die Pendellänge und umso schneller schwingt es vorwärts. Das ausgeprägte Heben der Beine bei höheren Geschwindigkeiten kennt jeder Beobachter, von Menschen ebenso wie von Pferden. Das benötigt natürlich wesentlich mehr Energie.

Die am wenigsten Energie verbrauchende Gangart ist deshalb der Schritt (**Abb. 24**). Die Beine tragen in abwechselnden Phasen Gewicht (**Standphasen**, mehr als 50 % der Zyklusdauer), in denen die Beine wie „inverse Pendel" um das bodennächste Gelenk rotieren, während ein Teil der Körpermasse mitgenommen wird. Nach jeder Standphase muss jedes Bein wieder vorwärts geschwungen werden (**Schwungphase**, weniger als 50 % der Zyklusdauer). Vorder- und Hinterbeine sind dabei nicht gekoppelt (**vgl. Kapitel 5.1 Abb. 8**).

Im **Schritt** gehen Pferde unermüdlich über enorme Strecken. Ihre Hufe setzen sie in einem regelmäßigen **Viertakt** auf den Boden (**Abb. 24 c**). Dabei folgt auf hinten rechts vorne rechts, hinten links, vorne links. Der zeitliche Versatz zwischen den Fußsetzungen beträgt genau 25 % der Zyklusdauer. Diese **„laterale Fußfolge"** muss nicht so sein, andere Abfolgen sind bei vierbeinigen Tieren ebenfalls möglich – besonders die „diagonale Fußfolge" (bei der auf hinten rechts vorne links folgt, dann hinten links und vorne rechts) ist häufig, ebenso wie Abweichungen von dem regelmäßigen Viertakt, die darin bestehen, dass Hinter- und Vorderbeine einer Seite dichter zusammenrücken. Das ist die Regel etwa bei den Kamelen, bei denen der zeitliche Versatz zwischen Hinter- und Vorderfuß um 15–20 % (Altweltkamele) oder 9–13 % (Neuwelt kamele, van der Sluijs et al. 2010) beträgt. Damit entsteht, was gemeinhin als „Pass"schritt bezeichnet wird. Alle Pferde sind in der Lage, diese verschiedenen Fußfolgen anzuwenden, wenn sie gestört werden oder aufgeregt sind, das

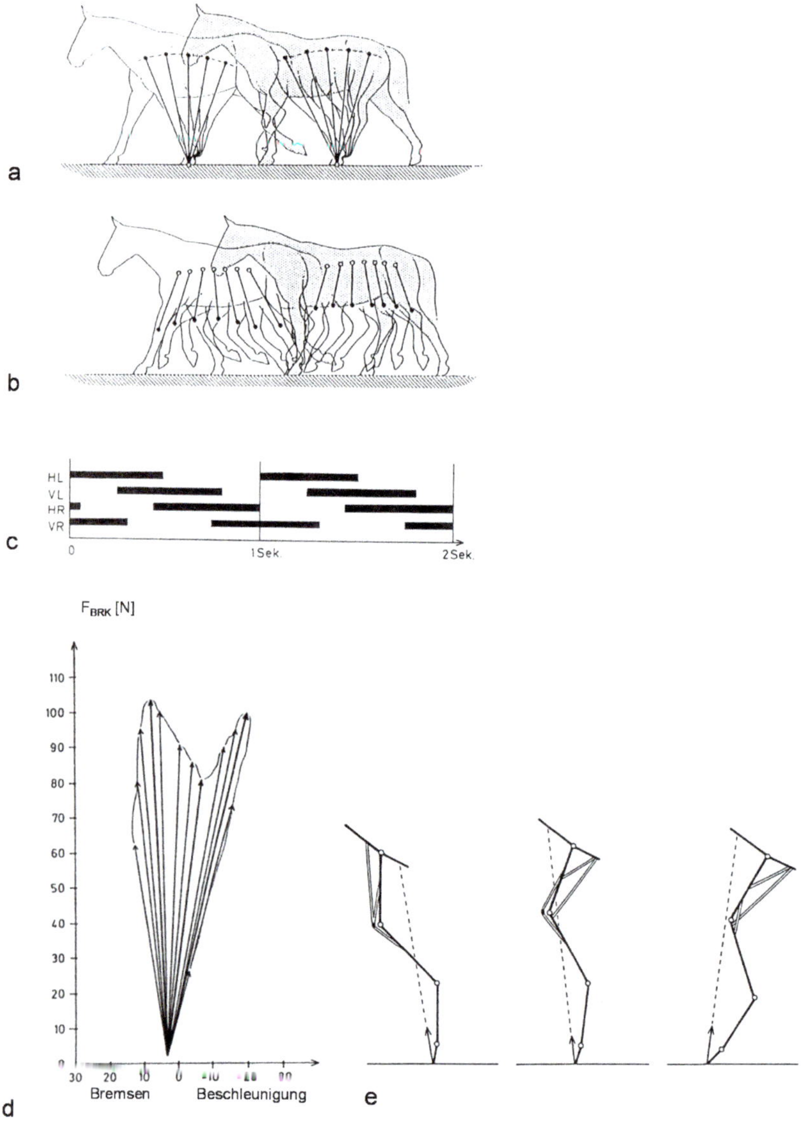

Abb. 24 Pferd im Schritt. **a** Hinter- (rechts) und Vorderbein (links) heben in jedem Zyklus während der Standphase einen Teil der Körpermasse wie ein „umgekehrtes Pendel" auf eine größere Höhe (größere potentielle Energie), aus der sie wieder absinkt (Rückgewinn kinetischer Energie). **b** In der Schwungphase bewegt sich jedes Bein wie ein hängendes Pendel nach vorn. Die Pendellänge ist dann gleich dem Abstand zwischen Drehpunkt und Massenmittelpunkt der jeweiligen Gliedmaße. **c** Fußungsmuster der Bodenkontakte über der Zeit. **e** Stellung eines Hinterbeins bei einem

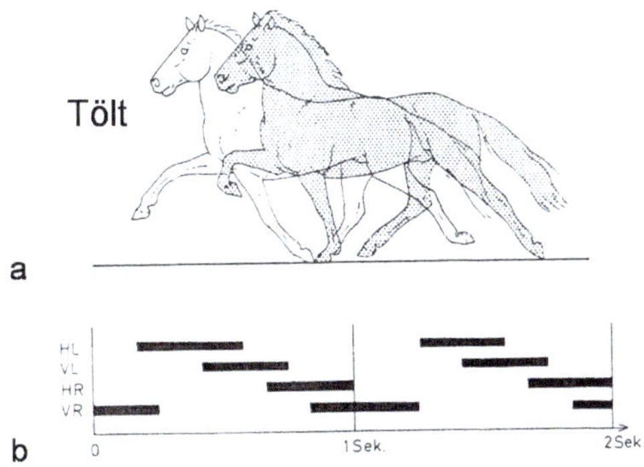

Abb. 25 a Islandpony im Tölt, **b** Fußungsmuster über der Zeit.

gilt aber als fehlerhaft und wird in der „klassischen" Ausbildung nach Möglichkeit unterbunden.

Ohne Abweichung von dem regelmäßigen Viertakt können viele Pferde auch höhere Frequenzen benutzen und damit bedeutend schneller vorwärtskommen (**Abb. 25**). Diese **Sondergangarten** sind weit verbreitet, eigentlich in der ganzen Welt, besonders in Nord- und Südamerika (Vincelette 2023). Der Grund für ihre hohe Verbreitung ist vor allem, dass sie für den Reiter sehr bequem sind und dabei schneller als der Schritt, den höheren Energieverbrauch nimmt man in Kauf. Auch in Europa kannte man die „alternativen Gangarten" durchaus, die im Spätmittelalter oft gepriesenen „Zelter" sind wohl „Gangpferde" im heutigen Sinne gewesen. Sie finden z. B.

anderen Lauftier, dem Schaf, in drei verschiedenen Abschnitten der Standphase mit (gemessener) Richtung der Bodenreaktionskraft (gestrichelt). Bei allen Lauftieren nimmt diese während der Standphase verschiedene Richtungen an, wobei immer das Bein so gehalten wird, dass die Momente der BRK an den Gelenken nicht übermäßig hoch werden. Das Bein verhält sich wie ein „umgekehrtes (stehendes) Pendel". **d** Die Bodenreaktionskraft wächst im Schritt beim Niedersetzen und vor dem Abheben höher an als in der Mitte, wo sie allein das Gewicht trägt. Alle Tiere laufen von rechts nach links. **a–c** aus Preuschoft 1999, **d–e** Preuschoft neu.

Erwähnung in Shakespeares *Was ihr wollt*. Erwähnungen in früheren Schriften sind bei Vincelette (2023) im Detail dokumentiert. In Europa haben sie sich mit den Islandponys wieder ausgebreitet, deren Beliebtheit nicht nur auf ihrer Anspruchslosigkeit in der Haltung beruht, sondern auch auf ihrer Fähigkeit zum **Tölt**, der bequem zu sitzen ist und in der Geschwindigkeit von schnellem Schritt bis zum langsamen Galopptempo gesteigert werden kann. Ich erinnere mich an Ausritte auf meinem Connemara-Vollblut-Mix gemeinsam mit einem Isländer, bei denen ich mein Pferd in langsamen Galopp setzen musste, um mit dem töltenden Isländer mitzuhalten. Das mit den Isländern importierte Wort Tölt dürfte stammverwandt sein mit Zelter. Erfahrene Distanzreiter haben mir gesagt, dass der Tölt für sehr lange Strecken nicht so optimal sei, weil er die Pferde schneller ermüden lässt als der Trab. Tatsächlich werden bei Distanzritten für Tölter Streckenposten aufgestellt, die kontrollieren, dass die Pferde nicht etwa in den für sie offenbar bequemeren Trab fallen. Nach Vincelette (2023) verbraucht ein Islandpony im Tölt tatsächlich um 5–6 % mehr Energie als im Trab. Trotz ihrer Vorteile für den Reiter sind die Sondergangarten hierzulande über Jahrhunderte verschwunden, allein Schritt, Trab und Galopp werden anerkannt. Das dürfte mit den einflussreichen großen Reitmeistern der Renaissance- und der Barockzeit zu tun haben, welche die Sondergangarten vollständig ablehnten. Sie erkennen nur diejenigen Gangarten an, die verschiedene mechanische Gesetze nutzen. Schritt: Pendel, Trab: elastisches Federn allein der Beine und Galopp: elastisches Federn des Rumpfes, beides siehe folgende Kapitel Trab und Galopp.

6.3 Trab

In der nächstschnelleren Gangart, dem **Trab**, werden zum Teil andere physikalische Gesetze als im Schritt eingesetzt: Natürlich gilt wieder, dass Schrittlänge mal Frequenz die Geschwindigkeit bedingen. Das Tier trägt sein Gewicht auf diagonalen Beinpaaren (hinten rechts und vorne links, danach hinten links und vorne rechts). Die jeweils gleichzeitigen Fußsetzungen ergeben einen Zweiertakt. Zwischen den Halbzyklen gibt das Pferd den Bodenkontakt ganz auf und befindet sich in einer kürzeren oder längeren Schwebephase. Dabei muss es seinen Körper nach oben bewegen, um den Zwischenraum zu überbrücken. Das bedeutet erhebliche Beschleunigungen nach oben in jedem Zyklus auf diagonalen Stützen (**Abb. 26**). Die Beschleunigungen erfordern die rhythmisch wechselnde Anspannung von den Muskeln der Rumpfwand, und die ist mit Hilfe von Oberflächen-EMG auch nachgewiesen worden (Kienapfel 2014).

Im Trab können Pferde ebenfalls über sehr lange Strecken laufen. Das liegt wohl an dem nur wenig Energie erfordernden Einsatz von **elastischen Eigenschaften der Muskel-Sehnen-Komplexe** in den Zehenbeugern.

Dieser Federmechanismus in den Fesseln wurde schon auf anderem Wege wahrscheinlich gemacht: Streitlein & Preuschoft (1987) haben beobachtet, dass die ziemlich großen Deutschen Warmblüter (ca. 500–600 kg Gewicht, Stockmaß von 170 cm und mehr) ihren Körper im Trab bei jedem Tritt um 6–12 cm heben (**Abb. 26 c**). Die Fesseln nahmen dabei Winkelstellungen von 50°–90° ein. Das bedeutet bei einer Länge der Fessel von etwa 12 cm einen „Hub" von 6–12 cm (**Abb. 26 d, e, f**), also genauso viel wie der Hub des gesamten Rumpfes. Die Auslenkung der Fessel beruht auf einer elastischen Dehnung der Zehenbeuger, genauer: der Sehnen der Mm. flexores digitorum. Diese Sehnen verbinden das Kronbein bzw. das Hufbein mit dem Unterschenkel oder dem +/- senkrecht stehenden Unterarm, also mit den „Zeugopodien" (Streitlein & Preuschoft 1987). Über die gesamte Strecke bleiben die Sehnen erhalten, sind aber am Zeugopodium dicht mit kurzen Muskelfasern besetzt. Die sind zahlreich und stark gefiedert. Sie können also enorm viel Kraft entfalten, ohne die Sehne erheblich zu verkürzen. Die Muskelfasern erlauben vor allem eine Modulation der Sehnenspannung – wie bei den Saiten eines Streichinstrumentes: Mit diesen Muskeln können die Sehnen vorgespannt werden wie die Saiten einer Violine und so unterschiedliche Frequen-

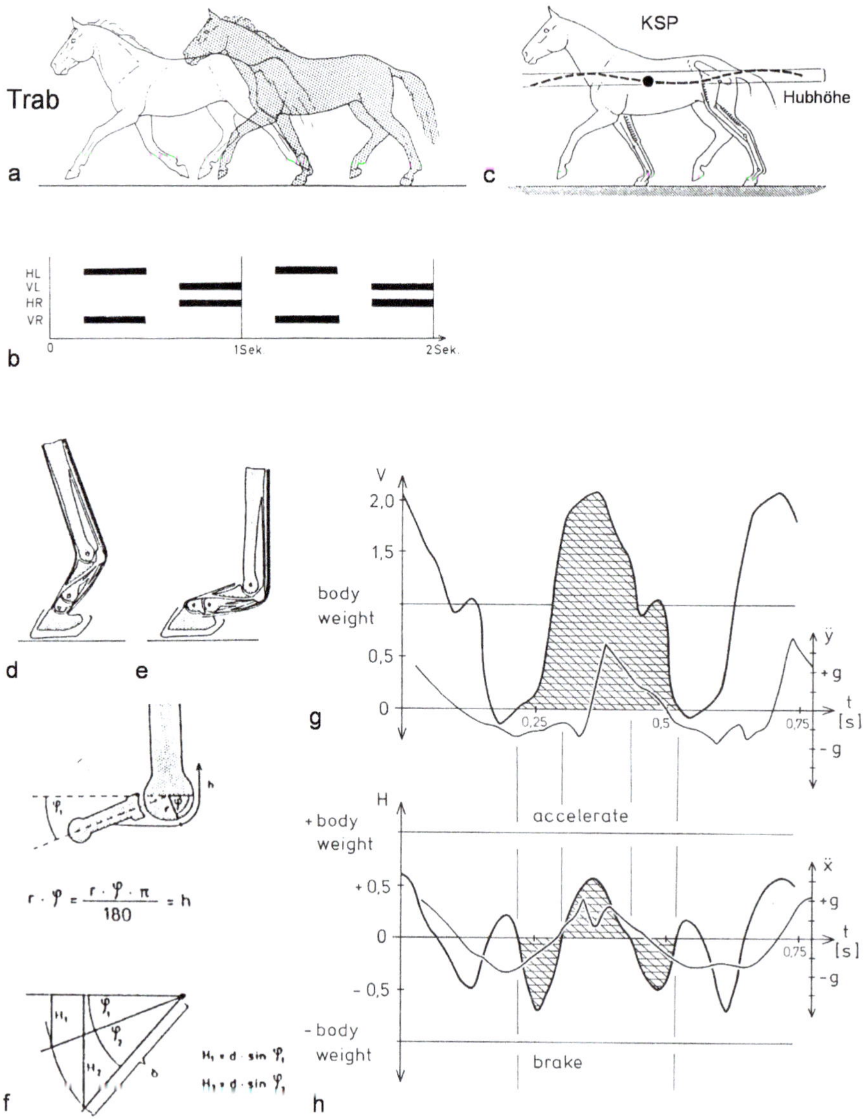

Abb. 26 a Trabendes Pferd. **b** Jeder Zyklus besteht aus zwei diagonalen Fußungen. **c** Der KSP bewegt sich in jedem Zyklus um 6–12 cm auf- und abwärts. **d** Allein das Fesselgelenk bewegt sich bei Belastung im Sinne einer Überstreckung. Gleichgewicht wird durch die langen Zehenbeuger gehalten. **e** Das distale Ende des Fesselbeines legt dann eine Strecke von 6–12 cm zurück, das ist ebenso viel wie die Hebung des KSP c, der Federweg des Fesselbeins folgt dem Sinus des Beugewinkels mal

zen in ihrer Längsschwingung annehmen. Diese Anordnung erfordert wenig Energie und erlaubt, die den langen Sehnen innewohnende Elastizität nutzbar zu machen.

Die Trittlänge ist, wie im Schritt, durch den Auslenkungswinkel des jeweiligen Beines begrenzt und dieser wiederum wird so gewählt, dass die BRK möglichst nahe an den Gelenken der Beine verläuft.

6.4 Galopp

Mehr Energie erfordert der **Galopp**, die schnellste Gangart der Pferde (**Abb. 27**). Man hört bei einem galoppierenden Pferd drei Hufschläge: hinten rechts, hinten links und vorne rechts gleichzeitig, die sog. Diagonale, vorne links – oder umgekehrt: hinten links, die Diagonale bestehend aus hinten rechts und vorne links, und vorne rechts. Pferde neigen dazu, den Links- oder Rechtsgalopp jeweils für eine ganze Strecke beizubehalten, andere Galoppierer wie die Geparden hingegen wechseln oft bei jedem Galoppsprung (sog. „rotary gallop").

Es wird nie in Zweifel gezogen, dass der Galopp der großen Tiere von dem Hoppeln oder Galoppieren der stammesgeschichtlich älteren kleinen Säugetiere abstammt. Von Reptilien wird eine solche Gangart nur ganz selten gebraucht (bei kleineren Krokodilen, bei größeren kaum noch nach Auskunft durch J. Hutchinson). Ob ein kleines Tier hoppelt oder ob es galoppiert, ist lediglich eine Frage der Fußfolge und die wird je nach dem Untergrund gewählt. Beides kommt bei allgemein bekannten Tieren vor: Hunde z. B. gehen bei mittleren Geschwindigkeiten sehr oft im asymmetrischen Hoppeln (oder

Länge der Fessel **f. g, h** Errechnete Bodenkräfte im Mitteltrab, VL+HR horizontal, HL+VR diagonal schraffiert. Kurz nach dem Niedersetzen der zwei Hufe folgt eine Bremsung, die von einer Beschleunigung abgelöst wird. Die zweite Verzögerung kommt durch das Abheben zweier Hufe vom Boden und das Vorwärts-Ziehen der Beine zustande. Preuschoft & Fritz 1977, Witte et al.1995 b.

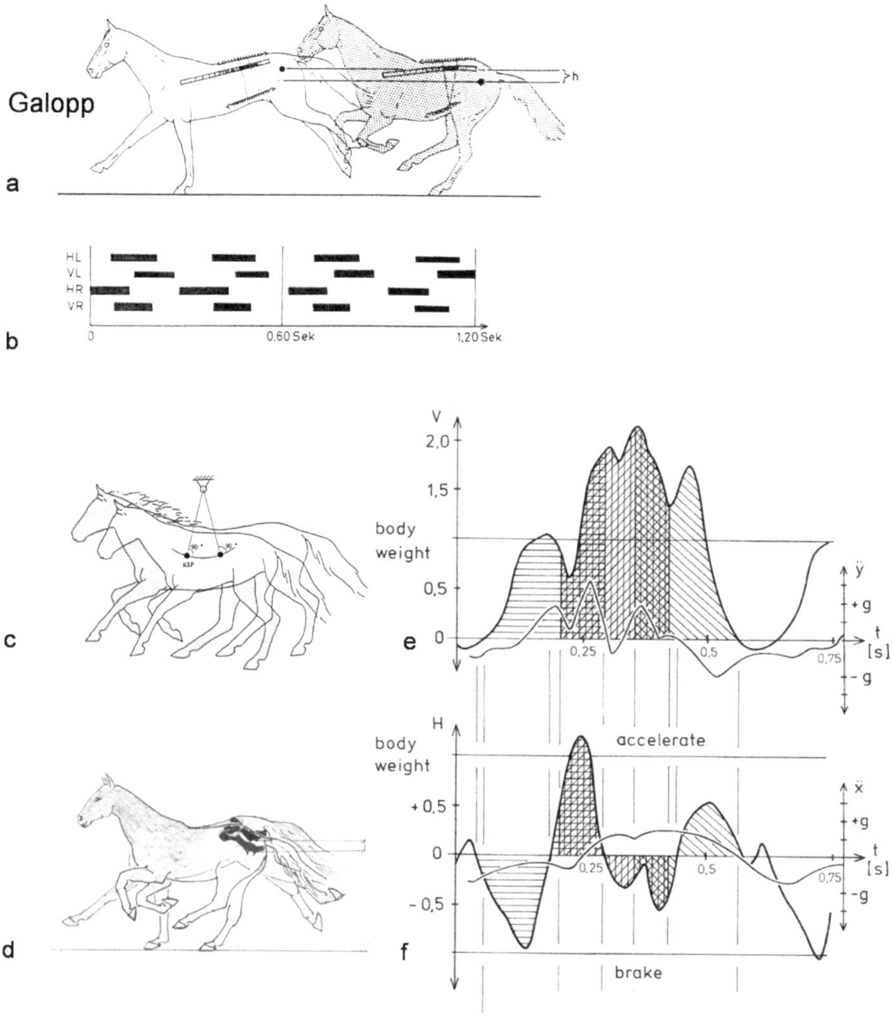

Abb. 27 a Pferd in zwei Phasen des Galopps rechts. Mit eingetragen ist die von Alexander (1982, 1988 und 2000) angenommene „Rumpffeder" aus den elastischen Elementen der Rücken- und der Bauchmuskeln. **b** Bodenkontakte im Rechtsgalopp. **c** Pferd in zwei Phasen des Galopps mit Wiegebewegung, die jeweils zum abwechselnden Heben der Vor- oder der Hinterhand führt. **d** Die unterschiedliche (größte und geringste) Höhe des Hüftgelenks über dem Boden wird in jedem Galoppsprung eingenommen. Sie folgt dem Sinus des Winkels zwischen Brustwirbelsäule und Becken und leistet deshalb kaum einen Beitrag zum Gewinn an Schrittlänge. Die Hebung führt aber dazu, dass die Hinterbeine in einem größeren Schwerefeld und deshalb schneller vorschwingen. **e** Errechnete BRK, oben in senkrechter, darunter in waagerechter Richtung. Die Schraffuren zeigen an, welche Hufe gerade am Boden sind. Preuschoft & Fritz 1977, Witte et al. 1995 b.

englisch halfbound), Hasen machen das fast immer, kleine Primaten galoppieren häufiger, als sie hoppeln (Arms 2007). Deutlicher als die Fußfolge ist bei kleinen Säugern die ausgeprägte **Beugung und Streckung** des Rumpfes, die bei großen Tieren weniger auffällig ist oder ganz fehlt. Das hat bereits Slijper 1946 festgestellt. Eine scharfe Grenze zwischen dem Galoppieren mit oder ohne Rumpfbeugung existiert nicht. Manche amerikanischen Hirsche (Virginia- oder Maultierhirsche, *Odocoilus*) und viele Antilopen (große Ducker, Impala) zeigen die Flexion, große Antilopen (Elen, großer Kudu), die großen Rothirsche, Pferde und Nashörner hingegen nicht. Preuschoft & Franzen (2012) haben versucht, den Unterschied mit Hilfe von Hebellängen der beteiligten Muskeln zu begründen. Die werden bei großen Tieren so lang, dass die Bewegungsausschläge zu langsam erfolgen, um in jedem Bewegungszyklus wirksam zu werden.

Bei den „kleinen" Säugern bringt die Beugung und Streckung des Rumpfes einen ganz erheblichen Teil der Wegstrecke, die bei jeder BED (Bewegungs-Einheits-Dauer, oder jedem Zyklus) zurückgelegt wird, der hintere Rumpf stellt ein zusätzliches Segment der Fortbewegung dar (Fischer 1994). Bei großen Tieren hingegen bringt die geringe Beugung des Beckenabschnittes (einer Cosinusfunktion folgend) kaum einen Streckengewinn. Indessen bewegt sich das Becken mit dem Hüftgelenk sehr schnell und ziemlich weit nach oben oder unten (und folgt dabei einer Sinusfunktion). Das bedeutet, dass sich das Hüftgelenk in einem Schwerefeld befindet, das deutlich größer ist als die Erdbeschleunigung. Nach Witte et al. (1995 b) beträgt sein numerischer Wert etwa 1,7 g. Das heißt, dass der Vorschwung der beiden Hinterbeine ganz erheblich schneller erfolgt als ohne diese Bewegung des hinteren Rumpfes.

Die Zwischenwirbelgelenke erlauben nur begrenzte Ausschläge. Sind die Wirbel zahlreich, dann summieren sich die einzelnen Ausschläge zu einem größeren Gesamtwert, als wenn sie nicht zahlreich sind (**Abb. 28**). Die geringe Zahl von nur sieben Halswirbeln stellt deshalb bei allen Säugetieren eine Begrenzung der Halsbeweglichkeit dar, die Kürze der Segmente im vorde-

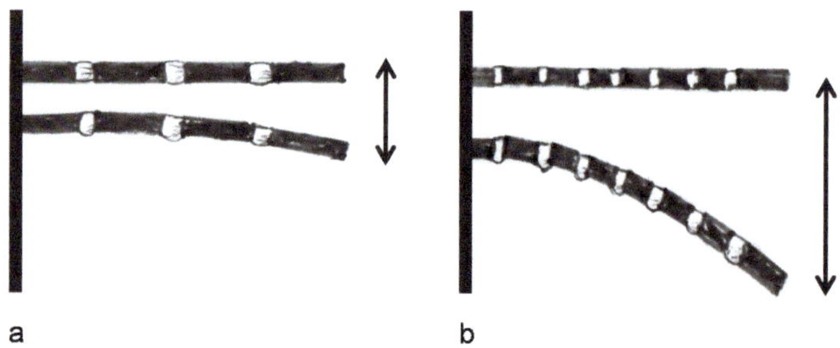

Abb. 28 Eine größere Zahl von Segmenten b erlaubt einen größeren Bewegungsausschlag als eine geringere Zahl a, auch wenn die Auslenkung zwischen den benachbarten Segmenten gleich begrenzt bleibt.

ren Lendenbereich jedoch eine Steigerung der Beugung und Streckung des Rumpfes.

Gellmann & Bertram (2002 b) haben in einer zweiten Studie die Bewegungen des Halses (+ Kopfes) gegen den Rumpf in den Gangarten und den Einfluss der elastischen Schwingungen auf den Energieverbrauch untersucht. Im Schritt pendelt der Kopf sehr regelmäßig beinahe 2 cm auf und ab, wobei die Abwärtsbewegungen jeweils mit dem Niedersetzen eines Vorderhufs zusammenfallen, im Trab nur ½ cm und im Galopp mehr als 2 cm. Im Schritt beträgt der Rückgewinn an Energie durch dieses Nicken 55 %, im Trab und Galopp 33 % bzw. 31 %. Die Autoren betonen (wie auch schon Simpson 1951), dass Pferde schon wegen ihrer Größe und des damit verbundenen Mangels an Kraft/Masse alle Möglichkeiten zum Einsparen von Energie ausschöpfen müssen.

Wenn ein Pferd mehr als ein paar Zyklen galoppiert, passt es seine **Atmung** an die Bewegung an. Wohl jeder Reiter kennt das: Das Pferd schnaubt hörbar im Takt des Galopps. Bramble & Carrier (1983) sowie Bramble und Liebermann (2004) haben das wie folgt begründet: Die schweren, aber verformbaren Eingeweide schwappen bei jedem Galoppsprung vor und zurück. Beim Vorwärts-Schwappen drücken sie gegen das Zwerchfell und bewirken so eine Ausatmung, beim Zurückgleiten ziehen sie das Zwerchfell mit und bewirken so eine Vergrößerung des Lungenraumes und damit eine Einatmung.

Wenn ein Pferd im **Renngalopp** sehr schnell läuft, reißt die Diagnonalstütze auseinander, es kann sogar zu einer gestreckten Schwebphase kommen – wie sie die Maler früherer Zeiten immer darstellten und wie sie Gambaryan (1974) dokumentiert hat. Wir konnten sie indessen nicht beobachten! Man hört im Renntempo nicht drei, sondern zweimal zwei sehr kurz aufeinander folgende Hufschläge. Die Frequenz der Zyklen steigt auf beinahe drei pro Sekunde, die Geschwindigkeit steigt von 20–30 km/h (= 5,5 m/s – 8,3 m/s) auf 60 (= 16,7 m/s), kurzzeitig an die 70 km/h (= 19,4 m/s), also reichlich das Doppelte. Für den Reiter fühlt sich das Pferd deutlich anders an als im Galopp. Ich neige deshalb dazu, den Renngalopp als eine eigene Gangart zu betrachten.

Die Gangarten, in denen Pferde sich bewegen, bestimmen die Geschwindigkeiten nur ungefähr. Im Schritt gehen sie weniger als 1 m/s – 2,5 m/s; im Trab 2,5 m/s – 6 m/s, im Galopp 3 m/s – 8 m/s und im Renntempo 13 m/s – 19 m/s (s. o.). Diese Daten (**Abb. 29 b**) beruhen auf unseren eigenen Aufzeichnungen. Die **Abb. 29 a** zeigt den Raumgewinn während der BED, also einer Zeitvariablen. Am frei gehenden, seine Gangart selbst wählenden Pferd, ebenso wie in der normalen Reiterei besteht eine Lücke zwischen Schritt und Trab. Noch langsamerer Trab ist für die meisten Pferde erlernbar, sogar auf der Stelle in der Piaffe. Hingegen gibt es eine deutliche Überlappung zwischen Trab und Galopp. Hier eröffnet sich eine Wahlmöglichkeit: Die meisten Gebrauchsreiter bevorzugen den Galopp, während Dressurreiter und nach meiner Erfahrung auch Reitschulen den Trab in hoher Geschwindigkeit reiten. Fragen Sie Ihr Pferd: Es möchte schnell lieber im Galopp als im Trab laufen. Das bedeutet für den Reiter aus einem (echten) Mitteltrab anzugaloppieren. Zu häufig schneller Trab begünstigt den Verschleiß der Pferdebeine.

Wird der Galopp sehr stark verkürzt, werden wieder vier Hufschläge hörbar („Schulgalopp" nach Krischke 2015), weil die stark untergesetzten Hinterhufe länger am Boden verweilend Gewicht tragen als die entlasteten Vorderhufe. Der Übergang zwischen Galopp und Renngalopp ist bisher nicht untersucht worden.

In den drei „Grund-Gangarten" kann das Pferd „**Seitengänge**" gehen: entweder die Vorhand nach innen versetzt, so dass die Vorderbeine kreuzen,

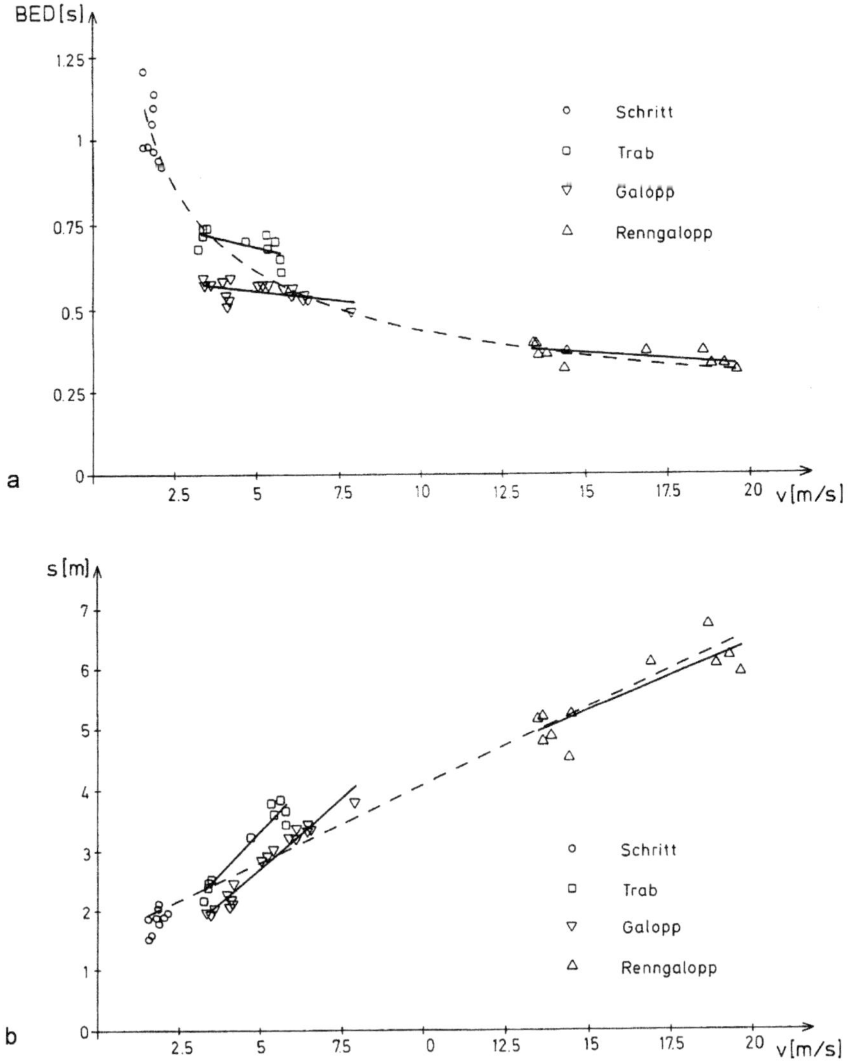

Abb. 29 a Trägt man über der Geschwindigkeit (Abszisse) die Zyklusdauer (BED) ab, so zeigt sich eine Erhöhung der Frequenzen. **b** Trägt man über der Geschwindigkeit (v) die in jeder Bewegungseinheit zurück gelegte Wegstrecke (s) ab, so zeigt sich die größere Strecke in den schnelleren Gangarten. Beachtenswert ist die Überlappung zwischen Trab und Galopp, die auch unterschiedliche Regressionsgeraden mit sich bringt. (Aus Witte et al. 1999.)

während die Hinterbeine geradeaus laufen (= „Schulterherein“ bzw. „Konter-Schulterherein“), oder die Hinterhand nach innen, so dass die Hinterbeine kreuzen, während die Vorderbeine weiterhin geradeaus laufen (= „Kruppe herein“, „Kruppe heraus“, „Travers“, „Renvers“). Eine Kombination aus beidem, die „Traversale“, in der sowohl Vorder- wie Hinterbeine kreuzen, erfordert mehr Platz, sieht aber besonders dekorativ aus! In einer Reitbahn kann man Innen- und Außenstellung unterscheiden und die entsprechenden Bezeichnungen wählen, im Gelände geht es allein um die eingangs genannten Unterschiede. **Variationen des Tempos** sind für ein Reitpferd ebenfalls von Bedeutung: Der Trab kann ohne Raumgriff, aber mit erhabenen Tritten („Kadenz“) und Übernahme von viel Gewicht auf die Hinterbeine zur „Piaffe“ werden oder, zeitlich gedehnt, ebenfalls mit erhabenen Tritten zur „Passage“. Viel seltener wird der Galopp so stark verkürzt, dass er zum „Terre à terre“ oder „Mezair“ wird, also fast auf der Stelle stattfindet, immer mit viel Kadenz, aber ohne Raumgriff. Verkürzt, aber ganz und gar nicht erhaben, ist der „Jog“ (ein Trab) und der „Lope“ (ein Galopp) in der Western-Reitdisziplin des Reining. In sportlichen Wettbewerben der Western-Reiter werden beide Gangarten deutlich jenseits ihrer ursprünglichen praktischen Bedeutung verlangsamt geritten.

6.5 Springen

Pferde können ziemlich hoch (deutlich mehr als 2 m) und ziemlich weit (um die 8 m) **springen.** Beim Verfolgen von Pferdesportveranstaltungen hat man manchmal sogar den Eindruck, das Springen sei ihre eigentliche Lebensaufgabe, nicht das Laufen. Sprünge werden immer aus dem Galopp entwickelt (**Abb. 30**).

Auch wenn man sich einem Hindernis in Schritt oder im Trab nähert, passt das Reittier seine Bewegungen im letzten Moment der Fußfolge des Galopps an. Die beim Springen durchgeführten Bewegungen folgen festen Regeln

Abb. 30 Der Bewegungsablauf während eines Sprungs ist sehr konstant. Besonders die Linien, die Hüfte und Schulter, Schulter und Genick sowie Genick und Nase des Pferdes verbinden, unterliegen stets den gleichen Änderungen. Der Reiter nimmt die Beschleunigungen des Pferdes beim Start ebenso wie dessen Abbremsen bei der Landung vorweg. Nach Preuschoft & Hüllen-Kluge 1987.

(**Abb. 30**). Die Verlängerung der BRK verläuft bei allen Sprüngen in der Startsowie in der Flugphase dorsal der gemeinsamen Körperschwerpunkte von Pferd und Reiter. So wird ein Überschlagen nach hinten mit Sicherheit vermieden. In der Landephase erfolgt der Ausgleich beim Fußen der Vorderbeine. Beim Springen gehen die Pferde in dem mäßigen Tempo von 5 m/s, vor Weitsprüngen in der Regel mehr, über 6 m/s. Je nach Art des Hindernisses (Hoch- oder Weitsprung, **Abb. 31**) sind die Bahnkurven des Schwerpunktes von Reiter und Pferd im Anlauf, während des Sprungs und beim Landen unterschiedlich

Abb. 31 Bahnkurven des Sattelpunktes über verschiedene Hindernisse: **a** Oxer (hoch & weit), **b** Steilsprung, **c** Wassergraben. Die Schraffuren verbinden jeweils einen Huf mit seinem Drehpunkt am Rumpf, der sich natürlich vorwärts bewegt. Zu beachten ist im Galopp das Zusammenfallen der tiefsten Werte mit dem Fußen einer Diagonalen und der höchsten Werte mit der Schwebephase. Die Beschleunigung beim Absprung beginnt bereits, bevor die Hinterhufe am Boden sind und anschieben können. Der freie Flug nach dem Abheben der Hinterhufe beginnt oft erst über dem Hindernis. Die Landung wird nur zum Teil von den Vorderbeinen gebremst, das Pferd bleibt bis zum Fußen der Hinterhufe tiefer als im An- und im Auslauf, der erste Galoppsprung nach dem Hindernis ist immer geprägt von der Landung. Aus Preuschoft et al. 1987.

Oxer

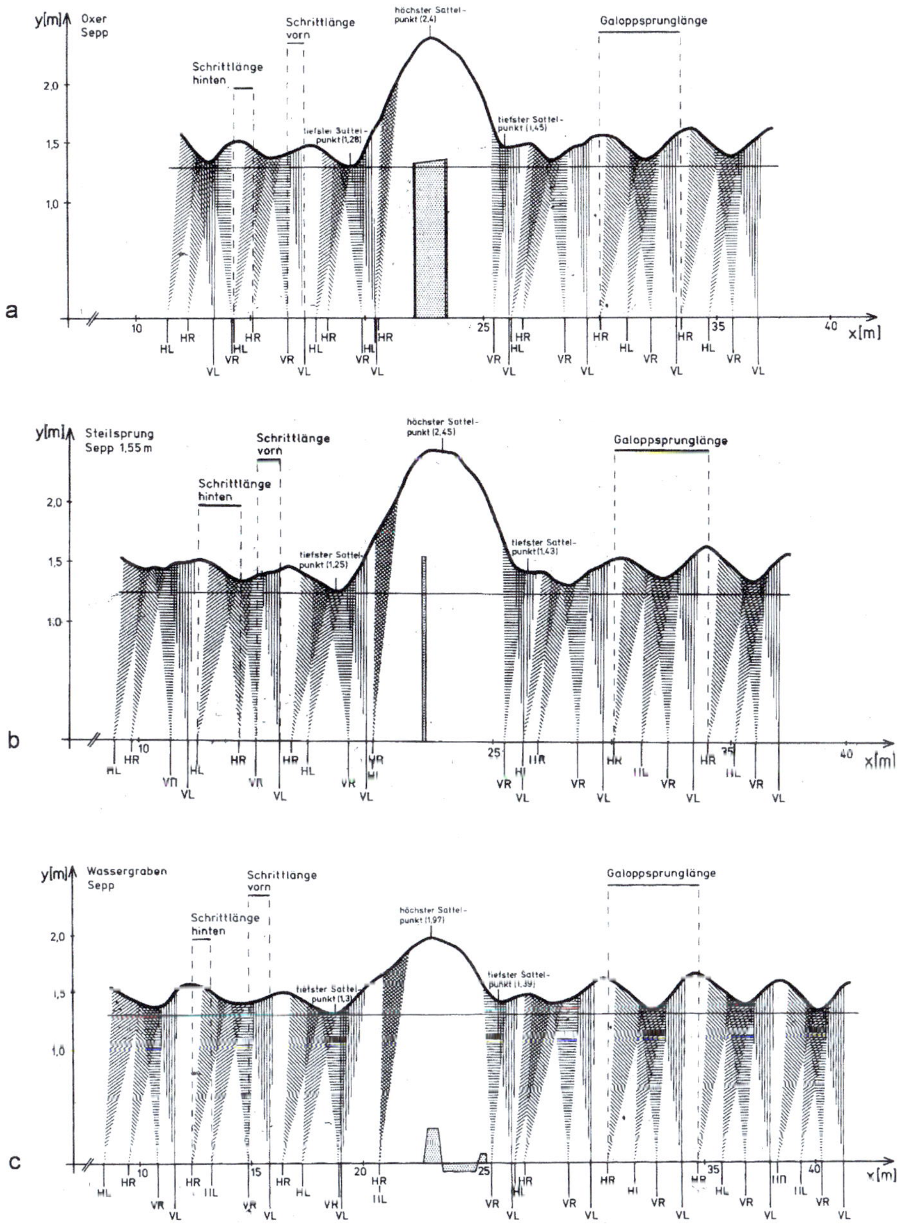
y[m]
Oxer
Sepp
Schrittlänge
hinten
Schrittlänge
vorn
höchster Sattelpunkt (2,4)
tiefster Sattelpunkt (1,28)
tiefster Sattelpunkt (1,45)
Galoppsprunglänge
x[m]
a
Steilsprung
Sepp 1,55 m
höchster Sattelpunkt (2,45)
tiefster Sattelpunkt (1,25)
tiefster Sattelpunkt (1,43)
b
Wassergraben
Sepp
höchster Sattelpunkt (1,97)
tiefster Sattelpunkt (1,3)
tiefster Sattelpunkt (1,39)
c
HL
HR
VL
VR

a

b

c

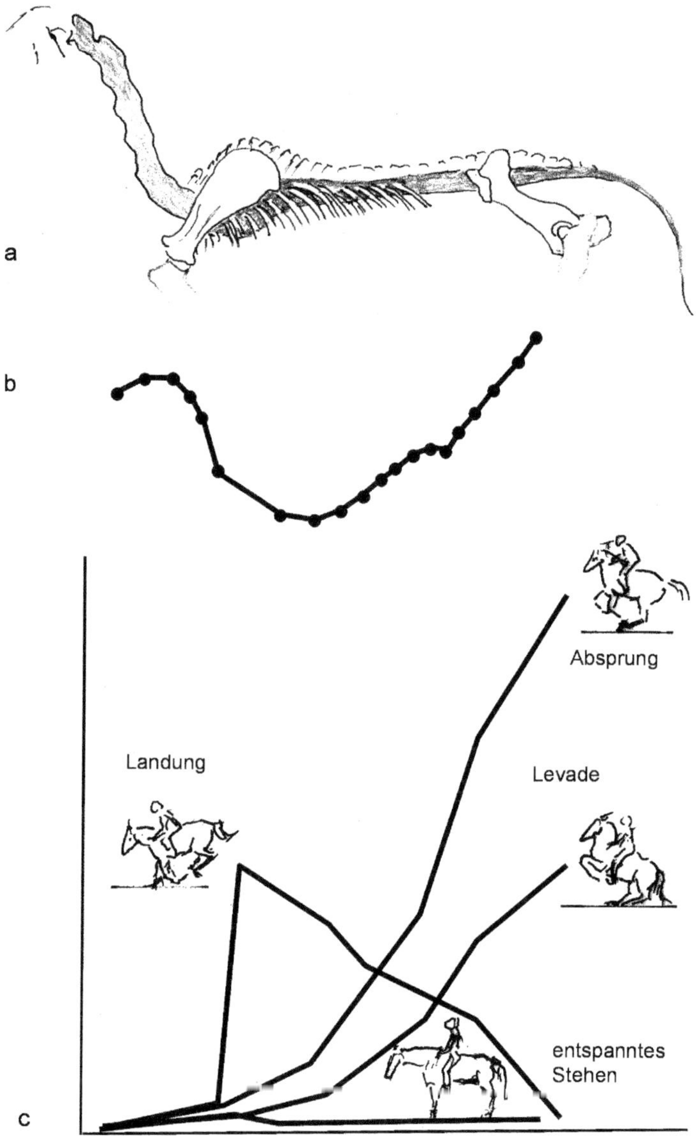

Abb. 32 a Rumpfskelett mit Wirbelsäule eines Pferdes. Deren Länge ist so gewählt, dass sie mit der waagerechten Achse ganz unten übereinstimmt. Die Druckkraft übertragende Wirbelkörpersäule ist grau gezeichnet. Das nach hinten geneigte Schulterblatt und das nach vorn geneigte Darmbein sind weiß. **b** zeigt das Produkt aus Breite mal Höhe der Wirbel hinter dem Genick als Reihe von Punkten. Die gemessenen Querschnittsflächen der Wirbelkörper des Rumpfes (aber nicht des Hal-

(Preuschoft, Kniesel & Fritz 1987[*]). Die hier beschriebenen Charakteristika werden auch in Hindernis-Kombinationen strikt eingehalten.

Allen ist gemeinsam, dass der letzte Galoppsprung des Anlaufs etwas niedriger ausfällt als die anderen. Auch bei der Landung bleibt der KSP etwas niedriger, das Pferd ist erst nach diesem ersten Galoppsprung wieder auf der alten Höhe. Der Absprung wird bereits durch die Vorderbeine eingeleitet, das Pferd hebt sich vorne bereits, während die Hinterhufe noch gar nicht wieder am Boden sind. Auch die Landung erfolgt zwar zuerst mit beiden Vorderbeinen, aber die Kraft bei der Landung wird erst durch die danach fußenden Hinterbeine vollständig aufgezehrt. Vor und noch über dem Hindernis bleibt der Bodenkontakt der Hinterhufe länger erhalten als im Galoppzyklus. Je nach Art des Hindernisses überschreitet die Bahnkurve ihren höchsten Punkt früher (bei Hoch- und Hochweitsprüngen) oder später (bei Weitsprüngen über geringere Höhen, wie Wassergräben). Bei diesen Weitsprüngen beginnt der freie Flug erst über dem Hindernis.

Sowohl beim Absprung wie auch bei der Landung wird die Rückenmuskulatur ganz erheblich beansprucht. Sehr ähnliche Bedingungen wie beim Absprung bestehen auch in Phasen stärkster Versammlung des Körpergewichts auf die Hinterbeine, wie in der „Pesade“ oder in der „Levade“. Das führt zu den

* Tatsächlich haben wir nicht den KSP verfolgen können, sondern den „Sattelpunkt“, der sich unmittelbar vor der Steigbügelaufhängung am Sattel befindet und der immer zu sehen ist. Der KSP von Reiter plus Pferd liegt in Höhe des Reiterknies und ist selbst schwer zugänglich. Die Lage unseres Sattelpunktes zum Schwerpunkt des Systems Reiter + Pferd ändert sich wegen des ziemlich starren Pferderumpfes kaum, so dass man den einen für den anderen nehmen kann.

ses) ähneln den errechneten Druckkräften in der Wirbelsäule während extrem belastender Phasen c des Sprunges (kinetisch, d. h. mit den Beschleunigungen) oder bei Hebung der Vorhand in der Levade (statisch). Im ruhigen Stehen sind die Druckkräfte so gering, dass sie hier kaum zu sehen sind. Der Halsbereich ist bisher nicht untersuchten Kräften ausgesetzt, die auch in ausgelenktem Zustand noch einen Kontakt zueinander herstellen. Nach Preuschoft et al. 1987.

in **Abb. 32** dargestellten Druckkräften in der Wirbelsäule. Diese entsprechen entlang des Rumpfes ziemlich genau den gemessenen Querschnittsflächen der Wirbel. Die Wirbeldurchmesser im wenig bewegten Rumpf geben Auskunft über die Druckfestigkeit der Wirbelsäule. Sie stimmen gut mit den errechneten Kräften überein. Hierbei ist allerdings zu berücksichtigen, dass die Messwerte der Wirbel von einem Zootier stammen, das sein Leben in der Haltung verbracht hat, die berechneten Spannungen aber von trainierten Athleten. Die Gelenkflächen der Wirbel im vorderen Halsbereich sind größer, weil sie auch Kontakte zulassen müssen, die nur bei Bewegungen auftreten und nicht allein der Kraftübertragung in einer Richtung dienen.

6.6 Beschleunigungen am Pferd

Der Begriff „Beschleunigung" ist jedem vom Autofahren bekannt. Bei einem Pferd kann man analog dazu überlegen, wie viel Zeit es benötigt, um vom Schritttempo (~5 km/h) auf Galopptempo (~30 km/h) zu erhöhen. Diese Zeit kann aber sehr kurz sein – so kurz, dass der Reiter sich nicht mehr im Sattel wiederfindet. Die Größe der Kraft, die auf den Reiter wirkt, ist „Masse mal Beschleunigung", man erinnere sich an den Physikunterricht oder Kapitel 4.1 dieses Buches.

Bei 75 kg Körpergewicht (= Masse des Reiters) und einer Geschwindigkeitsänderung von 25 km/h (= ~7 m/s) in 5 Sekunden muss der Reiter eine Kraft von ca. 10 kg bzw. 105 N im Sattel aushalten – das sollte kein Problem sein.

$$\textbf{Beschleunigungskraft [N]} = 75\ \text{kg} * 7\ \text{m/s} / 5\ \text{s} = 105\ \text{kg*m/s}^2 = 105\ \text{N}$$

Erfolgt die Tempoänderung in 0,5 – 1 Sekunde (statt 5), können durchaus Kräfte im Bereich von 100 kg bzw. 1000 N auf den Reiter wirken. Das Verbleiben im Sattel wird dann schon schwierig.

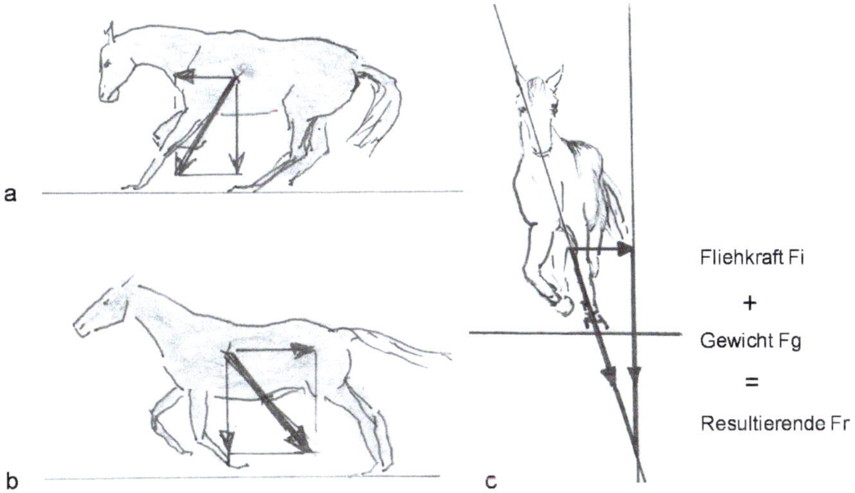

Abb. 33 a bremsendes, **b** beschleunigendes Pferd. In beiden Fällen ist die Gewichtskraft gleich groß (dünner, senkrechter Pfeil), die Bremskraft ist kleiner angenommen als die Beschleunigung, deshalb verläuft die Resultierende in a hinter den Vorderbeinen, in b durch die Hinterhufe, so dass beide Vorderhufe vom Boden abgehoben werden können. **c** Ein zur Seite hin abbiegendes (= beschleunigendes) Pferd „legt sich in die Kurve", so dass die hoch belasteten Hufe lateral des KSP zu stehen kommen.

Wenn wir diese Geschwindigkeitsänderungen auf das Pferd (ohne Reiter) übertragen, müssen beim Bremsen die Vorderbeine und beim Beschleunigen die Hinterbeine ein Gewicht von 500–600 kg „beschleunigen" bzw. „abbremsen". Ein Bremsen führt zu einer nach vorn gerichteten Resultierenden und damit zu einer höheren Beanspruchung der Vorderbeine (**Abb. 33 a**), eine Geschwindigkeitserhöhung zu einer Resultierenden, die nach hinten gerichtet ist (**Abb. 33 b**). Eine Änderung der Fortbewegungsrichtung hat eine „Fliehkraft" nach außen zur Folge, die sich natürlich auch wieder mit dem Gewicht zu einer nach außen gerichteten resultierenden Kraft zusammensetzt (**Abb. 33 c**). Der widersteht das Pferd, indem es „sich in die Kurve legt". Das sieht man gut bei Rennen, beim Polospiel, bei Springprüfungen und Cutting. Im günstigen Fall macht der Reiter diese Seitwärtsneigung mit (vgl. auch Abb. 48 in Kapitel 8.2.1).

Nicht nur bei Änderungen der Geschwindigkeit oder der Richtung kommt es zu Beschleunigungen, sondern auch in der ganz normalen Fortbewegung. Wie aus den Darstellungen der Gangarten hervorgeht, wird der Pferdekörper in jeder Gangart rhythmisch nach oben und unten sowie nach vorn und hinten beschleunigt.

Im **Schritt** sind die Beschleunigungen gering und diejenigen in vertikaler und die in horizontaler Richtung annähernd gleich groß. Ein fester Rhythmus ist kaum zu erkennen. Im **Trab** hingegen fühlt der Reiter deutlich, wie er hochgeworfen wird und wieder abwärts fällt. Im **Galopp** ist die horizontale Bewegung ausgeprägt, die man im Trab weniger spürt. Diese Beschleunigungen sind ein entscheidend wichtiger Teil der Lokomotion in allen Gangarten und äußern sich durch deutliche Krafteinwirkungen.

Die Beschleunigungen, die der Pferderumpf erfährt, haben wir aufgezeichnet und statistisch ausgewertet. Die wichtigsten sind nach oben und nach unten bzw. nach vorne und nach hinten gerichtet. Im **Schritt** sind die Beschleunigungen gering und lassen kein regelmäßiges Muster von wiederholten „Zyklen“ erkennen. Die **Abb. 34** zeigt die Mittelwerte, die sich bei zwei Pferden in je zehn bis 20 Zyklen ergaben, zwei davon im „**Mitteltrab**“, der nach unseren Feststellungen ganz dicht am „starken Trab“ war (Streitlein & Preuschoft 1987), und zwei im „**versammelten Trab**“ der L-Aufgaben. Besonders kennzeichnend sind die vertikalen Beschleunigungen mit ihren scharfen Anstiegen und weniger krassem Absteigen, die je zweimal in jedem Zyklus auftreten. Der Abstieg fällt zusammen mit den Stützphasen der diagonalen Beine. Gleichzeitig erfolgt eine kurze Bremsung und viel langsamere Wiederbeschleunigung in horizontaler Richtung. Die zuletzt Genannte fällt z. T. noch mit der Schwebephase zusammen. Der Doppelzyklus im Trab nimmt ziemlich genau 66,6 % einer Sekunde in Anspruch.

Im **Galopp** sind die Beschleunigungen oft weniger hoch als im Trab, bleiben in der Regel unter zwei G, und es erfolgt nur eine nach oben (nicht zwei

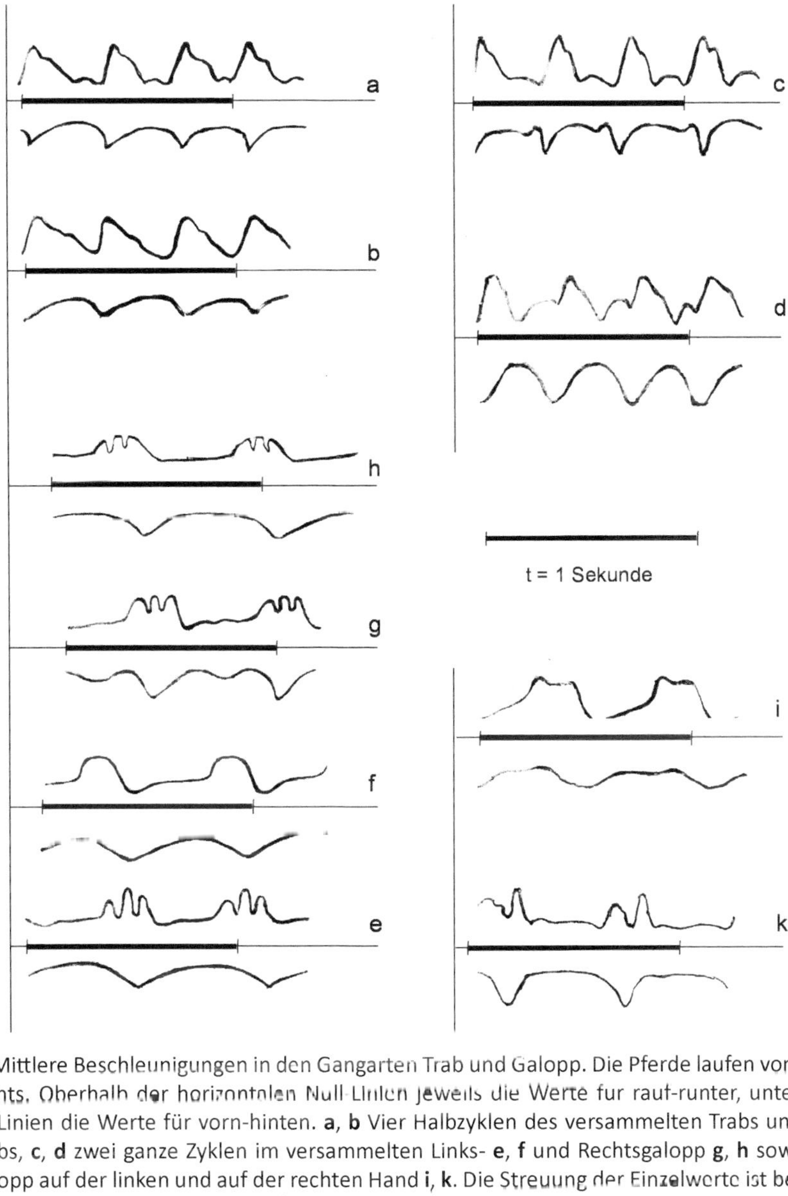

Abb. 34 Mittlere Beschleunigungen in den Gangarten Trab und Galopp. Die Pferde laufen von links nach rechts. Oberhalb der horizontalen Null-Linien jeweils die Werte für rauf-runter, unterhalb der Null-Linien die Werte für vorn-hinten. **a**, **b** Vier Halbzyklen des versammelten Trabs und des Mitteltrabs, **c**, **d** zwei ganze Zyklen im versammelten Links- **e**, **f** und Rechtsgalopp **g**, **h** sowie im Mittelgalopp auf der linken und auf der rechten Hand **i**, **k**. Die Streuung der Einzelwerte ist bei den untersuchten Pferden in jedem Lauf deutlich kleiner als die zwischen den Pferden. Jedes Pferd hat sein eigenes Bewegungsmuster für jede Gangart, also seine eigene „Aktion“. Die Gangart ist ebenso sicher erkennbar wie die im mittleren Tempo größere Geschwindigkeit und größere Trittlänge. Zwischen Rechts- und Linksgalopp ist indessen kein Unterschied zu erkennen. Die dicken horizontalen Balken kennzeichnen jeweils eine Sekunde. Die decken im Trab 66,6 % eines Zyklus ab, im Galopp etwa 90 %.

wie im Trab) und manchmal deutlichere Bewegungen nach vorne und nach hinten. Das entspricht dem „Wiegen" des Pferdekörpers im Galopp. In manchen Tempi sind die einzelnen **Fußsetzungen** zu erkennen, in anderen verschmelzen sie. Jeder Zyklus des Galopps dauert 85 %–90 % einer Sekunde, ist also länger und variabler als ein Trabzyklus.

Der Trab an der Hand liefert ähnliche Ergebnisse wie der Mitteltrab, aber die sind weniger einheitlich: Ein Pferd geht an der Hand deutlich weniger gleichmäßig als unter dem Reiter. Es mag sein, dass sich das mit der Länge der Strecke ausgleicht, aber wir haben es nicht geprüft.

Offen bleibt natürlich die Frage, wie das Pferd selbst mit den **Erschütterungen** (= Beschleunigungen) fertig wird. Der Rumpf ist zweifellos den Beschleunigungen ausgesetzt. Die Beschleunigungen am Kopf haben wir nicht gemessen. Wir gehen davon aus, dass er durch Nickbewegungen die Auf- und Ab-Bewegungen ausgleichen kann. Solche Nickbewegungen spürt der Reiter in den rhythmisch schwankenden Zügelkräften, sichtbar sind diese Bewegungen jedoch kaum.

Die Belastung des Rumpfes ist natürlich mit einer Stärkung seiner Muskulatur verbunden. Daraus lassen sich auch **Trainingsempfehlungen** ableiten. Für die **Rückenmuskulatur** muss man sich dabei an die versammelnden Übungen halten, in denen die Hinterhand mehr Gewicht aufnimmt als die Vorderhand. Die **Bauchmuskulatur** hingegen trainiert man wirkungsvoll, wenn man das Pferd lange Strecken in Trab oder Galopp gehen lässt. In beiden Gangarten treten regelmäßig Phasen auf, in denen die Bauchmuskeln das Zweifache des Gewichts der Eingeweide auffangen müssen. **Unübertroffen** ist für das Training der Rumpfmuskulatur jedoch das Springen, wobei erst die Rücken-, dann die Bauchmuskulatur aktiv werden muss. Die Sprünge müssen keineswegs hoch sein, auf den Blöcken hoch aufgestellte Cavaletti reichen durchaus. Man wählt die Abstände so, dass sie zur Galoppsprunglänge des Pferdes bequem passen, und legt zunächst eine Stange auf den Boden, dann eine zwischen die Blöcke, dann auf niedrige, die letzte auf volle Höhe. Mit fortschreitendem Training, d. h. nach Wochen kann man mehrere Stangen hochlegen.

Zum Abschluss dieses Kapitels ist noch zu erwähnen, dass Falaturi (2001) zur Messung von Beschleunigungen am Pferd ein „computerkinematographisches“ Verfahren benutzte, welches eine objektive Erfassung der Beinbewegungen in allen Gangarten erlaubte. Parallel zu den Metapodien werden dazu eindimensionale Beschleunigungsaufnehmer befestigt, am besten und einfachsten durch fest gewickelte Bandagen. Gemessen werden die Beschleunigungen aller vier Röhrbeine in deren Längsrichtung, ihre Höhe, Abfolge und Abstände. Die Daten werden für jedes Röhrbein getrennt in einem winzig kleinen Speicher aufbewahrt, der mit dem Messgerät verbunden ist. Erst nach dem Lauf werden sie in einem Computer ausgelesen und verarbeitet. Das Verfahren liefert nicht nur Informationen über die „normalen“ Bewegungen (wie in Falaturi, Reininger & Preuschoft 2001), über insgesamt 300 mäßig hohe Sprünge von fünf Pferden, sondern auch über Abweichungen vom normalen Ablauf, also über Lahmheiten. Falaturi war mit seinem Messverfahren, welches sich leider nicht durchsetzen konnte, seiner Zeit weit voraus.

7. Funktionelle Anatomie des Menschenkörpers

Das genaue Aussehen des Skeletts, die Ursprünge und Ansätze der Muskeln und deren Einfluss auf die Bewegungen beim Reiter sind bei Schusdziarra & Schusdziarra (1978) beschrieben. In diesem Kapitel möchte ich auch – analog zu den vorangegangenen Ausführungen über das Pferd – den Reiter ins Auge fassen. So wird man die mechanischen Gegebenheiten besser verstehen, denen Pferde und schließlich Pferd und Reiter unterworfen sind. Der Vergleich zwischen einem Pferd und dem Menschen liegt auf den ersten Blick eigentlich nicht nahe. Betrachtet man aber die Körperteile bzw. Körpersegmente (**Abb. 35**), sieht man vielerlei Übereinstimmungen, obwohl der Mensch ein „Zweibeiner" und das Pferd ein „Vierbeiner" ist. Beide sind extrem ausdauernde Wanderer, sind aber abstammungsgeschichtlich sehr verschieden.

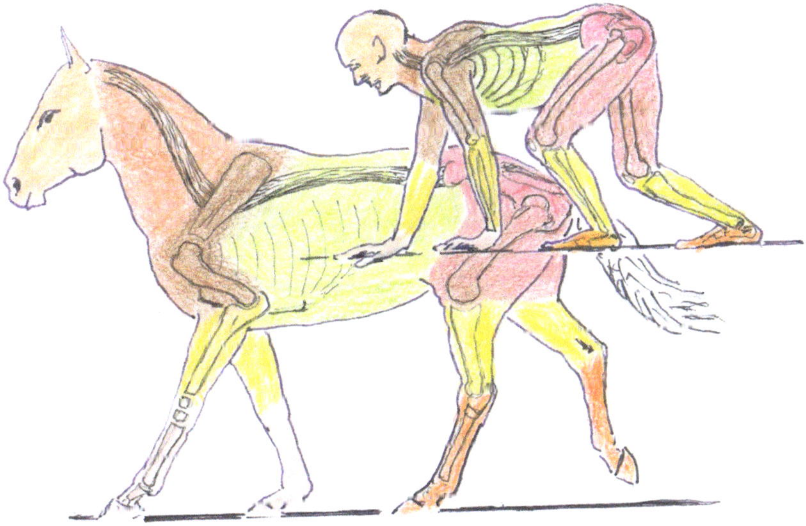

Abb. 35 Anatomischer Vergleich zwischen Mensch und Pferd. Der eine als Zweibeiner, der aus kletternden Vorfahren hervorgegangen ist, das andere als vierbeiniges Lauftier der Extraklasse.

7.1 Abstammung des Menschen

In Ergänzung des Kapitels 2.1, Abb. 1 a sind die ältesten Vorläufer des Menschen die „Vormenschen" *Ardipithecus* (White et al. 2009) und *Australopithecus* (Johanson & Edey 1981) (**Abb. 36**). Sie existierten seit 4,4 Millionen Jahren und sind sicher durch den Fund von Fußspuren in Laetoli (Ostafrika) seit 3,4 Millionen Jahren als zweibeinig nachgewiesen.

Sie lebten in einer Waldsavanne mit reichlich Wasservorkommen und Riedgräsern und konnten wahrscheinlich noch ziemlich gut klettern – nicht im Vergleich zu Affen, aber im Vergleich zum heutigen Menschen. Das schließt man aus ihren ziemlich langen, kraftvollen Armen und Händen in Verbindung mit ihren eher kurzen Beinen. Ob die Füße greifen konnten, ist bei den Australopithecinen immer noch fraglich, bei *Ardipithecus* indessen ganz sicher. Die Vormenschen besaßen bei einem Gewicht von 30–60 kg ein recht großes Gehirn von 500–700 cm^2 und kraftvolle Kiefer mit großen Mahl- und kleinen Frontzähnen.

Eine Entwicklungslinie („*Paranthropus*") hatte allem Anschein nach den gleichen Körperbau, war aber besonders groß und besaß einen mächtigen Kauapparat mit entsprechenden Ursprüngen der Kaumuskeln auf dem Hirnschädel. Gerade diese robusten Formen haben anscheinend bis vor 1,5 Millionen vielleicht sogar bis vor einer Million Jahren überdauert. Seit etwa zwei Millionen Jahren wurden die Vormenschen von Frühmenschen abgelöst. Die Art *Homo habilis* (Leakey et al. 1963) ist dabei bis heute nicht gesichert nachgewiesen, jedoch die Art *Homo erectus* (Walker & Leakey 1993). Dieser hatte zwar zunächst ein – im Vergleich zu heute – kleines Gehirn von 800–1000 cm^2, eine fliehende Stirn und vorspringende Kiefer, aber einen Körperbau, wie ihn heutige Menschen besitzen.

Diese Körpergestalt befähigte sie, große Strecken in offenen Savannen und Steppen zu laufen – wie die Pferde – und sich rasch über die gesamte Alte Welt auszubreiten. Das Zusammenleben von Menschen und Pferden im Kontext einer Domestikation reicht in die Jungsteinzeit zurück (vgl. Kapitel 3).

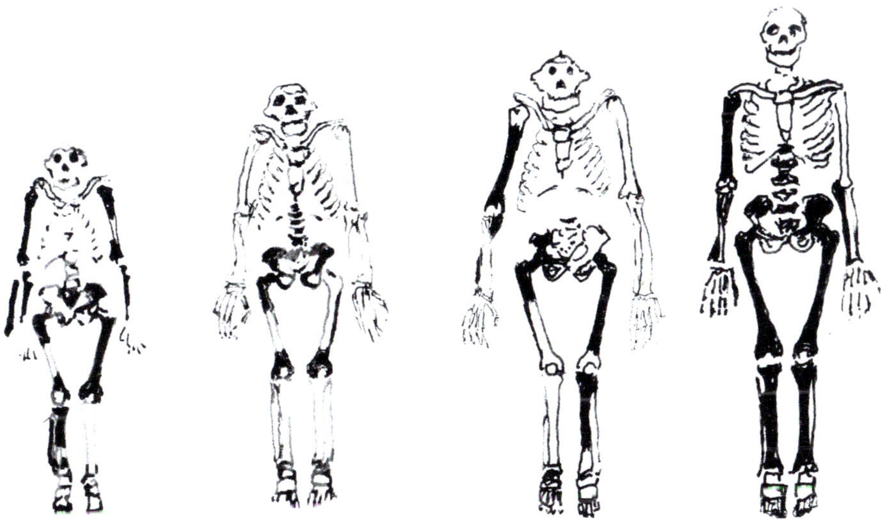

Australopithecus afarensis — a

Australopithecus africanus — b

Paranthropus robustus — c

Homo erectus — d

Abb. 36 Vormenschen: **a** Australopithicus afarensis, **b** Australopithicus africanus, **c** Paranthropus robustus und **d** Frühmensch Homo erectus. Die erhaltenen Teile (mit Ausnahme des Schädels) sind schwarz dargestellt, die Schattenfelder auf der jeweils linken Seite zeigen den geschätzten äußeren Umriss des Körpers. Zu beachten ist die unterschiedliche Arm- und Beinlänge sowie die Form des Brustkorbs: wie ein umgekehrter Trichter bei Vor- und wie ein Fass bei Frühmenschen und heutigen Menschen (siehe unten). Eine tief stehende und deshalb breite Schulter hat nur beim Frühmenschen einen mechanischen Sinn. Bei den Vormenschen ist eher eine hochgezogene Schulter wie bei den Menschenaffen anzunehmen. Auch das Becken unterscheidet sich bei Vor- und echten Menschen, wie an anderer Stelle im Einzelnen erläutert. Hinweis: Nicht abgebildet ist der älteste Vormensch Ardipithecus, da von ihm Kenngrößen fehlen.

Die folgenden beiden Kapitel zur funktionellen Anatomie des Menschen (Statik und Bewegung) entsprechen den Kapiteln 6 und 7 über das Pferd.

7.2 Statik des aufrechtstehenden Menschen

Funktionell und anatomisch stellen Menschen und Pferde fast den größten Gegensatz dar, den man sich denken kann. Der Mensch brachte in seine Evolution Merkmale eines Kletterers ein, die ein Pferd ganz und gar nicht besitzt. Deshalb wird er mit anderen, durchweg mehr oder weniger baumlebenden Primaten verglichen.

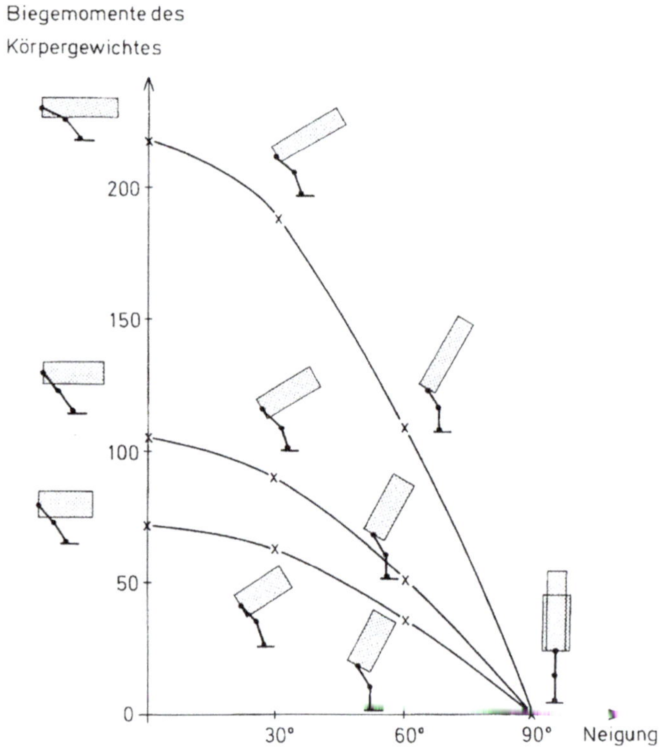

Abb. 37 Vergleich Stand in Beugung (links) und Stand aufrecht (rechts) für einen Menschen (oben) und Menschenaffen (unten). Je mehr der Körperstamm (Rumpf + Hals + Kopf + Arme) aufgerichtet ist, umso kleiner die Biegemomente im Rumpf (rechte Seite), und je tiefer gebeugt wird, umso größer wird die Biegebelastung (linke Seite). Das gilt unabhängig von der Masseverteilung, immer nähert sich die Biegung mit dem Aufrichten dem Wert Null. Ein langer, schlanker Rumpf ist beim Vorwärtsbeugen stets weit höheren Biegemomenten ausgesetzt als ein kurzer, stämmiger (drei Varianten auf der vertikalen Achse – in der Mitte ein theoretisches Zwischenstadium).

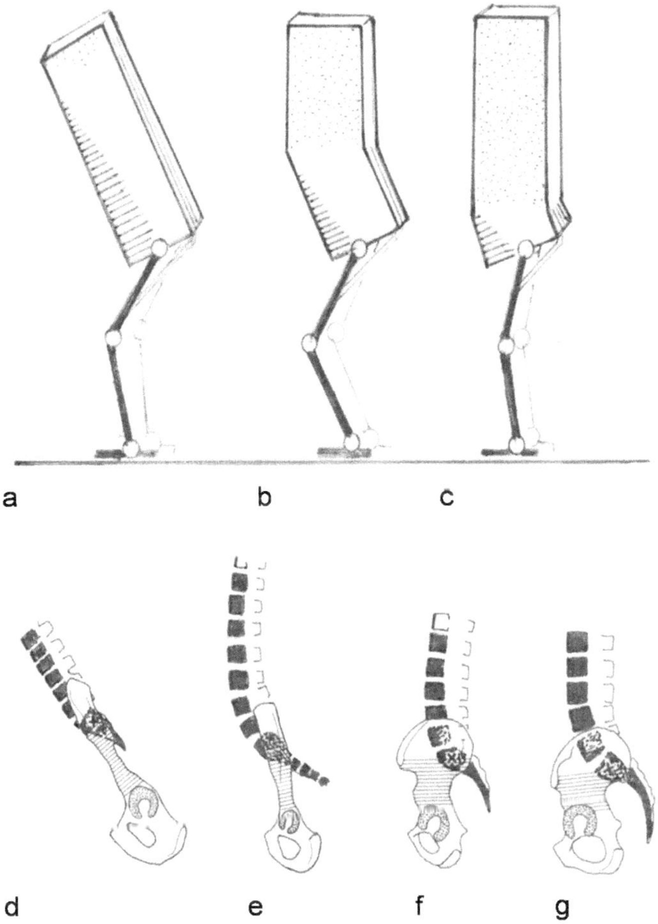

Abb. 38 Modelle für den aufrechten Stand bei **a** Affen, **b** habituell bipeden Affen und **c** Vormensch (Preuschoft et al. 1988). Analog dazu **d**, **e** und **f** die Stellungen von Wirbelsäule und Becken sowie Beckenformen. **g** Heutiger Mensch (Preuschoft 2022).

Der lange Rumpf des Menschen erscheint nachteilig im Vergleich zu den nächstverwandten Menschenaffen (**Abb. 37**), deren Rumpf kurz und wegen seiner Dicke stabil ist. Voreilige Orthopäden haben den Menschen deshalb als „Fehlkonstruktion" bezeichnet. Dieser Beurteilung könnte man noch die

Länge der Beine zufügen, die sie anfällig machen für Frakturen. Warum haben Menschen all diese Merkmale trotzdem? Die Bauteile des Körpers wurden von den vierfüßigen Vorfahren her beibehalten, aber passend zu der anderen Beanspruchung umgeformt.

Die vereinfachte Modellbildung des Rumpfes in **Abb. 36** wird in **Abb. 37** verfeinert. **Abb. 37 a + d** zeigen die Neigung des Rumpfes bei einem Affen nach vorn. Bei gebeugten Knien ist die Muskelkraft geringer als bei gestreckten Knien, an der Vorderseite des Balkens herrschen Druckbeanspruchungen, an der rückwärtigen Seite jedoch Zugkräfte, die beide den Einsatz von Energie verlangen. Dies macht gebeugte Knie zweckmäßig, wenn auch nicht zwingend erforderlich.

Energie lässt sich sparen, indem die tragende Wirbelsäule zur Mitte des Querschnittes hinrückt (**Abb. 37 b + e**). Ein so nach hinten offener Knick in dem Balken verwandelt die Biegespannungen im oberen Teil in die wesentlich leichter auszuhaltenden Druckspannungen und verkürzt den Teil des Balkens, der unter Biegung steht. Eine solche „Lordose" der Lendenwirbelsäule ist realisiert bei dressierten Japan-Makaken (Preuschoft et al. 1988) und in Gorillas, die freiwillig viel zweibeinig gehen. Die Länge des Beckens (genauer des „Darmbeinhalses") verhindert bei diesen Tieren eine weitere Verschiebung des Knicks in caudaler Richtung nach unten. Bereits bei Vormenschen (**Abb. 37 c + f**) und noch ausgeprägter bei heutigen Menschen (**Abb. 37 c + g**) ist jedoch ist der Iliumhals erheblich verkürzt und in die „Lordose" einbezogen, d. h. nach hinten geknickt.

Beim Beugen kann der Rumpf als „Pneu" wirken, die Bauchdecken werden angespannt, dadurch der Bauchinhalt geringfügig unter Druck gesetzt. Der Bauch enthält die Eingeweide, die sich im Wesentlichen wie eine – nicht kompressible – Flüssigkeit verhalten. Jeder, der seinen eigenen Körper beobachtet, hat das schon wahrgenommen, wenn er ein Gewicht anhebt. Die Gewichtheber ziehen deshalb vor dem Wettbewerb immer einen breiten Ledergürtel an und schnüren damit ihren Bauchabschnitt fest ein. Dennoch vermeidet der

Mensch das Heben von schweren Gegenständen in Beugung und versucht die Last durch Arme und die Muskeln des Beines zu bewegen.

Die freien vorderen und auch die tragenden hinteren Gliedmaßen eines Menschen sind völlig anders gebaut als die eines Pferdes. Das liegt daran, dass der Mensch eben aus baumkletternden Vorfahren entstanden ist, die ihre Hände und Füße als Greiforgane benötigten. Die Hand ist ein Greiforgan geblieben, hat aber ihre Funktion bei der Fortbewegung verloren; der Fuß ist hingegen für das aufrechte Gehen optimiert worden. Die langen Beine verlangen hohe Muskelkräfte zum Bewegen.

Bereits ein einzelner Fuß liefert eine recht große **Auflagefläche**. Wenn man auf zwei Füßen steht oder geht, wie in zweibeinigen Phasen des Gehens, wird die Auflagefläche verdoppelt und die **Unterstützungsfläche** deutlich vergrößert. Die Unterstützungsfläche bezeichnet man als den Bereich zwischen den Füßen, über dem sich der Körperschwerpunkt bewegen kann. Obgleich jeder Fuß eine größere Fläche abdeckt als ein Huf, ist die Unterstützungsfläche natürlich kleiner als bei einem Pferd. Beim Pferd liegt zwischen den vier Hufen eine große rechteckige Unterstützungsfläche für den Körperschwerpunkt.

Den menschlichen Fuß kann man sich als Platte vorstellen: Wie der Mast eines Segelschiffes wird der Unterschenkel durch Stage und Wanten aufrecht gehalten (**Abb. 39**), aber anstelle der technischen Bauteile stehen die Muskeln des Unterschenkels, die ihre Länge den Notwendigkeiten anpassen können.

Die Streckung der Hinterbeine beim Menschen erlaubt auch große Schrittlängen, ohne dass es zu allzu hohen Drehmomenten an Hüft-, Knie- oder Sprunggelenk kommt. Die nächst dem Rumpf gelegenen Segmente (Oberarm und Oberschenkel) sind lang und sehr frei beweglich, so dass der Mensch die daran anschließenden Segmente Unterarm und Unterschenkel wie das Pferd beugen und strecken kann. Das Carpal- und das Tarsalgelenk eines Menschen lassen viel mehr Bewegungen zu als die entsprechenden Teile eines Pferdes, die durch straffe Bänder eng zusammengehalten werden.

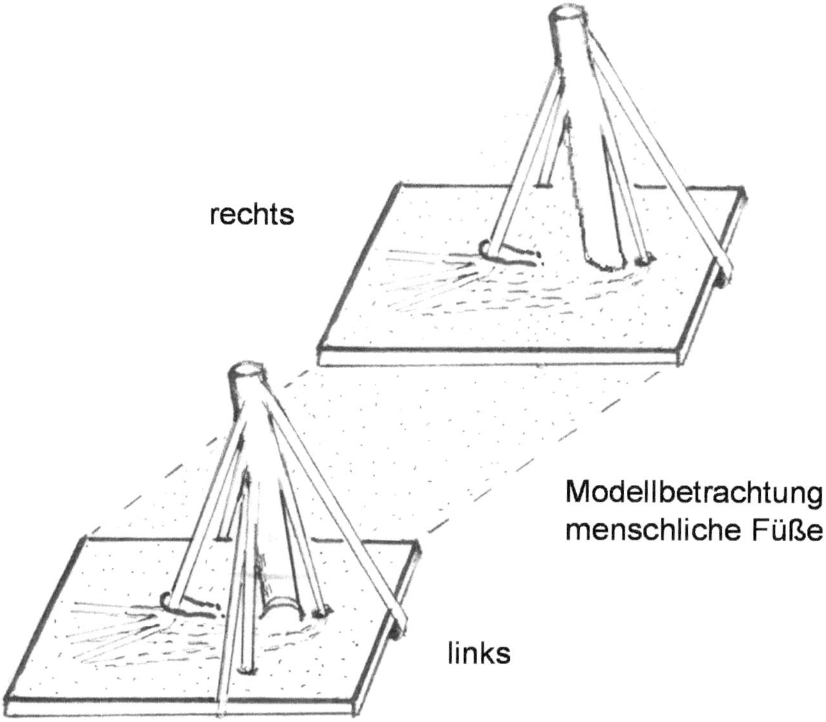

Abb. 39 Der Menschenfuß ist wie eine Standplatte, auf welcher der Unterschenkel durch Muskeln und Sehnen aufrechtgehalten wird. Ein einzelner Fuß bietet schon eine ziemlich große Auflagefläche zum Ausbalancieren des Körperschwerpunkts (Einbeinstand). Durch Aufsetzen des zweiten Fußes wird sie verdoppelt. Die Unterstützungsfläche = Fläche, über der sich der Körperschwerpunkt bewegen kann, wird im Zweibeinstand erheblich vergrößert (punktierte Fläche).

Zu den herausragenden Merkmalen des Menschen gehört die „**Greifhand**" (Napier 1961, Preuschoft 2018), die hoch spezialisiert ist für das Betasten, Ergreifen und Führen von Gegenständen. Mit der Hand halten wir auch immer unsere Nahrung, bevor sie zum Mund wandert. Die Hand des Menschen ist nur wenig anders geformt als die Hände von anderen Primaten. Im Gegensatz zu diesen wird die Greifhand bei uns aber (fast) gar nicht zur Fortbewegung herangezogen, das machen allein die Hintergliedmaßen, mit langen Beinen und den oben skizzierten Standfüßen.

Diese Spezialisierung der Greifhand ist auch für den Umgang mit Pferden unentbehrlich. Ihr Einfluss darf beim Reiten allerdings nicht überbewertet werden. Im Kapitel 9 wird darauf noch ausführlich eingegangen.

7.3 Der Mensch in Bewegung

Das Gehen und Rennen der Menschen folgt den gleichen Gesetzen wie beim Pferd. Tatsächlich sind diese Gesetzmäßigkeiten zuerst am (einfacheren) zweibeinigen Menschen erklärt (Mochon & McMahon 1980/81) und ihre Auswirkung auf den Körperbau aufgezeigt worden (Witte et al. 1991, Preuschoft & Witte 1991). Dies betrifft die Länge der Beine, die Verteilung der Segmentmassen, Stellung der Beine, Länge des Rumpfes, Länge und Pendelschwingung der Arme. Die bei Menschen und bei Vierbeinern sehr unterschiedlichen Formen lassen sich heute vollständig durch die **Kinetik der Fortbewegungen** erklären (**Abb. 40**).*

Wie bei den Beinen eines Pferdes kann die verlängerte BRK, die „Traglinie" so dicht an den Gelenken der Hinterbeine (Sprung-, Knie-, Hüftgelenk) gehalten werden, dass nur mäßige Drehmomente auftreten. Da aber viele Verrichtungen des täglichen Lebens doch eine gewisse Beugung dieser Gelenke erfordern, werden die Drehmomente der Last einfach wegen der Länge der Segmente oft ziemlich hoch und erfordern eine entsprechend kräftige und schwere Muskulatur. Diese Muskulatur ist auf jedem Segment proximalwärts konzentriert. Das fällt am Oberschenkel nicht so sehr auf wie am Unterschenkel, bei dem deutliche „Waden" ausgebildet sind, in denen die kraftvollen

* Seit langem besteht eine Kontroverse zwischen einer US-amerikanischen Forschergruppe und meiner Arbeitsgruppe über die Frage, wie und warum es in der Stammesgeschichte zu dem typisch menschlichen Körperbau kam. Während wir uns auf die Mechanik des Gehens konzentrieren, weil das Alltagsnotwendigkeit ist, sehen Bramble, Liebermann & Carrier das Rennen (von Großwildjägern) im Vordergrund. Dieses Denkmodell erfasst allein die (vermutlich!) jagenden Männer, und von denen auch nur die Minderheit, die in der Lage ist, stundenlang zu rennen. Die Merkmale des Körperbaus erlauben hier keine Entscheidung, weil Gehen und Rennen ganz ähnliche Anforderungen an die Morphologie stellen.

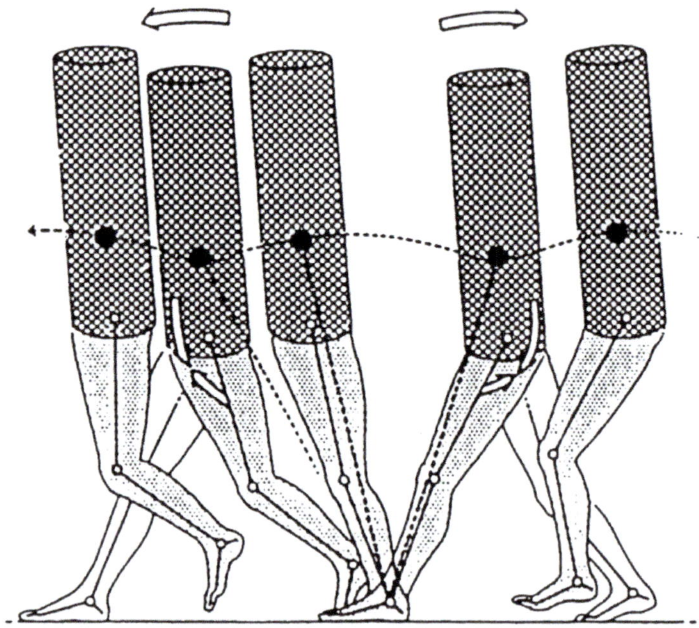

Abb. 40 Menschlicher Gang mit als Balken vereinfachtem Körperstamm, der die Arme einschließt: Position des Standbeins (linkes Bein, schraffiert) und Schwungbein beim Menschen. Die Bahnkurve des KSP steigt während der Standphase zuerst an (= Vergrößerung der statischen Energie) und fällt dann wieder ab (= Vergrößerung der kinetischen Energie bei Verkleinerung der statischen Energie). Nach Witte et al. 1991.

Plantarflexoren des Sprunggelenks nahe am Kniegelenk konzentriert werden, die dicht am Sprunggelenk in die schlanke Achillessehne übergehen. In vereinfachter Form ist das in **Abb. 41** dargestellt: Das Skelett und die Haut bilden eine überall gleich starke Säule, die von der Muskulatur wie von einem Kegelmantel umschlossen wird. In diesem einfachen Modell rückt das den Massenmittelpunkt proximal des Kniegelenks (**Abb. 41 c**) ganz in die Nähe des experimentell ermittelten Schwerpunkts (**Abb. 41 d**). Schon eine mäßige Flexion des Kniegelenks, wie sie beim Gehen in jeder Schwungphase tatsächlich auftritt, rückt den Massenmittelpunkt noch weiter nach oben. Jeder hat schon erlebt, dass er beim Rennen die Beine umso höher hebt, je schneller die

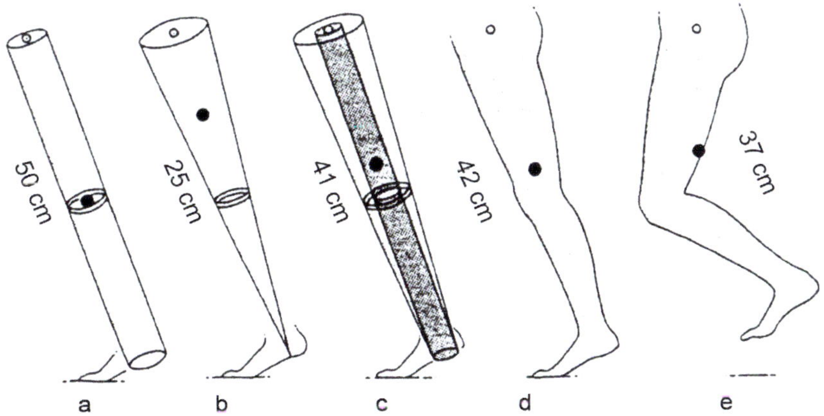

Abb. 41 Verteilung der Massenanteile und Beinschwerpunkte. **a** Zylindrisch, Schwerpunkt in der Mitte, **b** kegelförmig, Schwerpunkt bei ¼ der Länge, aber nicht realistisch, **c** druckfeste Säule in der Mitte, ummantelt durch kegelförmig angeordnete Muskulatur, Schwerpunkt oberhalb des Kniegelenks, **d** experimentell ermittelter Schwerpunkt ganz nahe zu **c**. **e** Bei einer Flexion des Kniegelenkes rückt der Schwerpunkt noch weiter nach oben. Nach Witte et al. 1991.

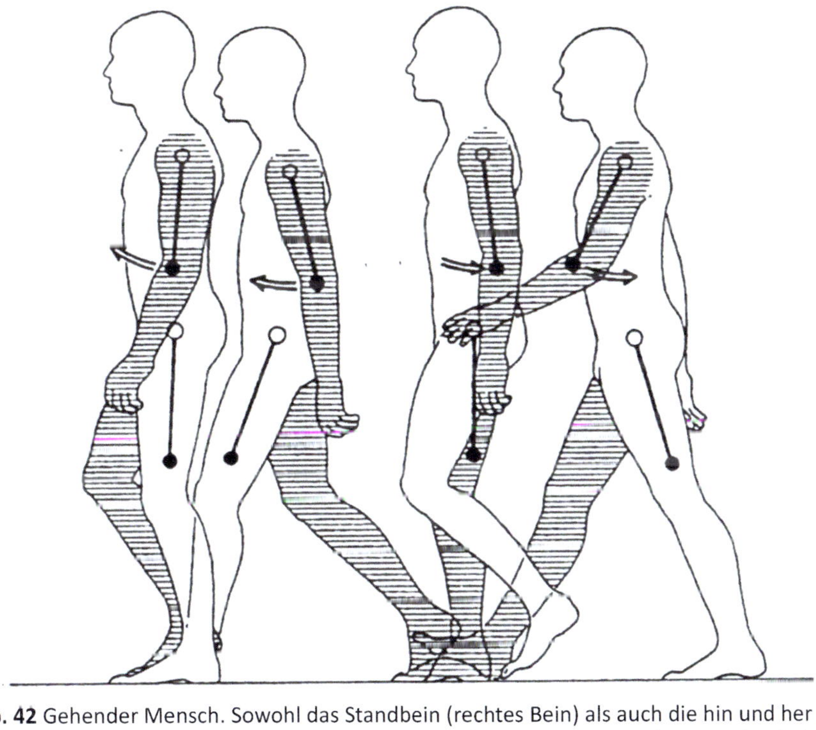

Abb. 42 Gehender Mensch. Sowohl das Standbein (rechtes Bein) als auch die hin und her schwingenden Arme sind hervorgehoben. Die Arme pendeln in einer Gegenphase zu den Beinen. Die Längen der Arm- und der Beinpendel sind nicht weit auseinander. Nach Witte et al. 1991.

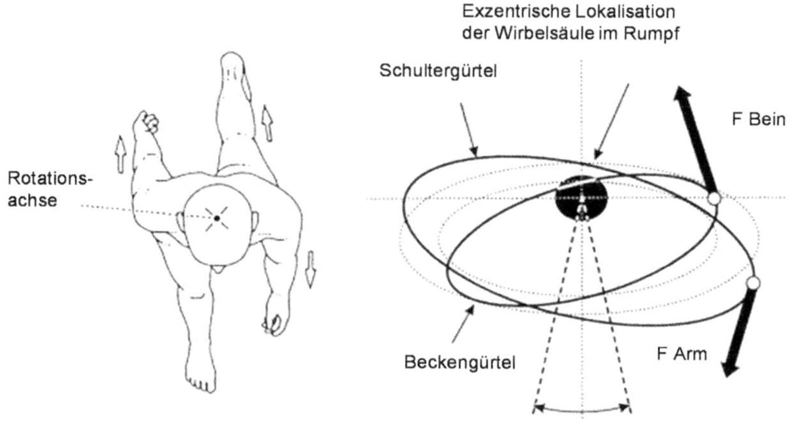

Abb. 43 a Gehender Mensch von oben. Beine und Arme pendeln gegensinnig, wobei beide um eine senkrechte Achse X drehen. Die Pfeile zeigen die Kräfte an, die nach vorne oder nach hinten wirken. **b** Die Hebelarme der schweren Beine sind etwa halb so lang wie die Hebelarme der leichten Arme. Nach Witte et al. 1991.

Gangart wird. Die damit verbundene Verschiebung des Massenmittelpunktes verkürzt natürlich die Länge des Beinpendels und damit die für den Vorschwung benötigte Zeit.

An der zweibeinigen Fortbewegung nehmen auch die Arme durch ihr Hin- und Her-Pendeln teil (**Abb. 42**). Weil ihr Schwerpunkt unterhalb des Ellbogengelenks liegt, ist ihre Pendellänge beinahe so groß wie die der Beine, sie pendeln also ungefähr im gleichen Takt.

In Ansicht von oben ziehen die Arme deshalb die Schulter abwechselnd nach hinten und nach vorn (**Abb. 43 a**). Ihr Hebelarm gegenüber der senkrechten Achse ist etwa doppelt so lang wie derjenige der deutlich schwereren Beine (**Abb. 43 b**). Weil jeder Arm etwa 4–5 % des gesamten Körpergewichts, jedes Bein etwa 14–15 % wiegt, weichen die Drehmomente nicht allzu sehr voneinander ab.

Die gegensinnigen Drehmomente von Armen und Beinen führen zu einer Torsion des Rumpfes. Die Muskeln, die einer solchen Torsion entgegenwir-

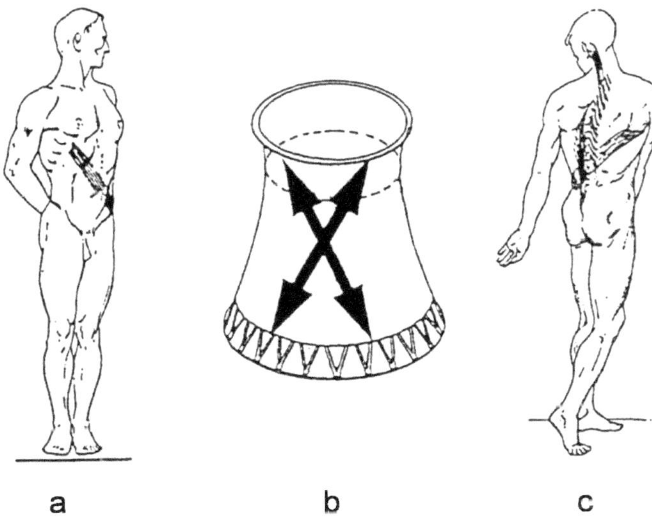

Abb. 44 Die nach Benninghoff (1937) schräg verlaufenden Muskeln im Menschenrumpf (**a** und **c**) ähneln der Armierung eines Kühlturmes **b**. Gegen die Torsion durch Windkraft bildet sich in der Mitte des Kühlturmes eine „Taille" aus, wie sie Schmid (1991) beim modernen Menschen gefunden hat.

ken, hat Bennighoff (1937) in frühen Ausgaben seines Anatomiebuches dargestellt (**Abb. 44 a und c**). Die Anspannung der Muskeln, gleich ob aktiv oder nicht, führt gemäß **Abb. 43 a** zu einer Kraft, die zwei Folgen hat:

Eine Analogie bietet die Form von Kühltürmen bei denen eine „Taille" zustande kommt, weil die zugfesten Armierungen gegen einseitigen Winddruck etwas innerhalb der äußeren Kontur verlaufen (**Abb. 44 b**). Dass die unteren Rippen des Menschen etwas stärker gekrümmt als die darüber liegenden sind, führt zur „Fassform" des Rippenkorbes beim Menschen, die sich von der „Trichterform" der nächsten Verwandten der Menschen, also der großen Menschenaffen und der Vormenschen unterscheidet (Schmid 1991).

Die Wirbelsäule des Menschen weist eine lordotische Krümmung auf. Das ist allgemein bekannt, aber ihre mechanische Bedeutung wird oft falsch eingeschätzt. Vielfach schreibt man ihr eine elastische Verformung zu. Tatsächlich verlängert aber die nach hinten hohle Krümmung die Hebelarme der

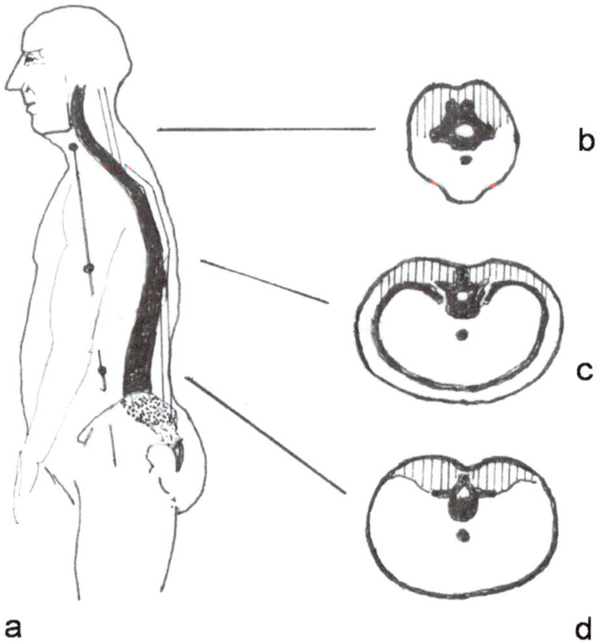

Abb. 45 a Längsschnitt in Seitenansicht, **b**, **c**, **d** Querschnitte durch den Körperstamm eines Menschen in Höhe des Halses, des Brustkorbs und des Bauchs. Die Wirbelsäule ist immer bauchwärts verschoben (schwarz), die Rückenmuskeln (senkrecht schraffiert) haben dadurch lange Hebelarme, die (geschätzten) Massenmittelpunkte auf jedem Schnitt (Punkte) jedoch kurze.

Rückenmuskulatur, sie hat also eine statische und keine kinetische Funktion. Man kann auch sagen, die Wirbelsäule rückt beim Menschen bauchwärts, nach „vorne" (**Abb. 45**). Diese Verschiebung zur Mitte der Querschnittsfläche hin beginnt im Brustbereich, wo die stark gebogenen Rippen die Muskulatur nach hinten, zum Rücken hin verlagern. Im Lendenbereich spannen sich dann die Muskeln auf kürzestem Wege weit hinter der Wirbelsäule aus, und sogar das Becken ist in die „Lordosierung" einbezogen: Das Darmbein ist zwischen Wirbelsäule und Hüftgelenk kurz und nach hinten gebogen, nicht lang und annähernd stabförmig wie bei den meisten Vierfüßern. Es ist sehr biegefest

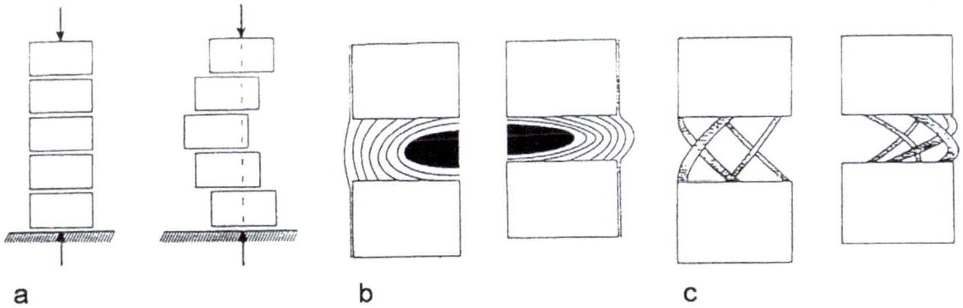

Abb. 46 a Menschliche Wirbelsäule, vereinfacht als Stapel von Blöcken. Auch wenn diese Blöcke nicht senkrecht aufeinander stehen, sondern eine lordosen-ähnliche Kurve beschreiben, erlauben sie keine Veränderung der Höhe. **b** Wenn zwischen den Blöcken eine „Bandscheibe" eingefügt ist, kann deren Flüssigkeitskern (Nucleus pulposus) abgeflacht und verbreitert werden, ohne dass sein Volumen verändert wird. Die Randfasern können sich nach außen wölben. **c** Wenn die benachbarten, starren Blöcke sich annähern, biegen sich die diagonal verlaufenden Fasern des Anulus fibrosus nach außen und machen so Platz für eine Verbreiterung des Nucleus.

und mit seiner Krümmung nach hinten wird abermals der Hebelarm der zugfesten Strukturen des Rückens verlängert.

Mit der Breite des Rumpfes und der großen Schulterbreite weicht der Mensch von allen anderen Säugern, Vögeln und Reptilien ab und folgt anderen mechanischen Prinzipien.

Die Wirbelsäule besteht aus den knöchernen und deshalb nicht verformbaren Wirbelkörpern (**Abb. 46 a**) und den dazwischen liegenden Bandscheiben, die gemäß **Abb. 46 b** und **c** eine Annäherung der Wirbel auf einer Seite erlauben. Auch wenn die Wirbelkörper nicht senkrecht übereinanderstehen, ist eine Verkürzung der Wirbelsäule unmöglich. Sie konnte auch experimentell nicht nachgewiesen werden. Die Bandscheiben erlauben eine begrenzte Beweglichkeit. Die wird ausgenützt, wenn die Wirbelsäule gebogen und die Bandscheiben nur einseitig komprimiert werden.

8. Einfluss des Reiters auf das Pferd

Zwei Partner leihen einander ihre besonderen Fähigkeiten: Schnelligkeit, Ausdauer, Kraft auf der einen Seite, vorausschauendes Denken und Planen auf der anderen. Pferde sind schnelle (auf 2500 m um die 60 km/h, auf kurzen Strecken 70 km/h) und sehr ausdauernde Läufer (50 km oder sogar erheblich mehr an einem Tag). Sie sind groß genug, um mehr als 80 kg Last zu tragen, ohne ihr Verhalten zu ändern. Sie sind, im Gegensatz zu anderen Equiden, ausgesprochen umgänglich und beeinflussbar. Gerade beim Reiten wird eine überaus enge, nicht verbale Kommunikation aufgebaut, mehr als beim Fahren oder Führen. Sie erlaubt, auch schwierige Wege zu gehen, in dem Tempo, das der Reiter für sinnvoll hält. Über die Fähigkeit des Menschen, vorausschauend zu denken, brauche ich hier nichts zu sagen.

8.1 Gewicht des Reiters

Setzt sich ein **Mensch auf das Pferd**, so bietet sich wegen seiner bilateralen Symmetrie der „Herrensitz" an. Mechanisch gesehen stellt der Reiter jedenfalls eine Teilmasse des Pferdes dar. Natürlich übt das Pferd mit seiner großen Masse viel mehr Kraft auf den deutlich kleineren Reiter aus als umgekehrt, und deshalb muss der Reiter sehen, wie er mit den ihm erteilten Kräften fertig wird. Weil der Reiter ziemlich genau über dem Schwerpunkt seines Pferdes sitzt, vergrößert er zunächst einmal nur das Gewicht des Pferderumpfes, ohne eine Verlagerung in irgendeiner Richtung zu bewirken. Allerdings vergrößert der Reiter die Biegemomente über dem lang gestreckten Pferderumpf. In der **Abb. 47** sind eine Reihe von Beanspruchungen des Pferderumpfes mit und ohne Reiter dargestellt. Der Einfluss des Reiters auf die Biegung in Seitenansicht ist allerdings immer gering.

Auch das Format des Pferdes hat einen, wenn auch begrenzten (s. o.), Einfluss auf die Biegung des Rumpfes. Es kommt jedenfalls darauf an, wo auf dem

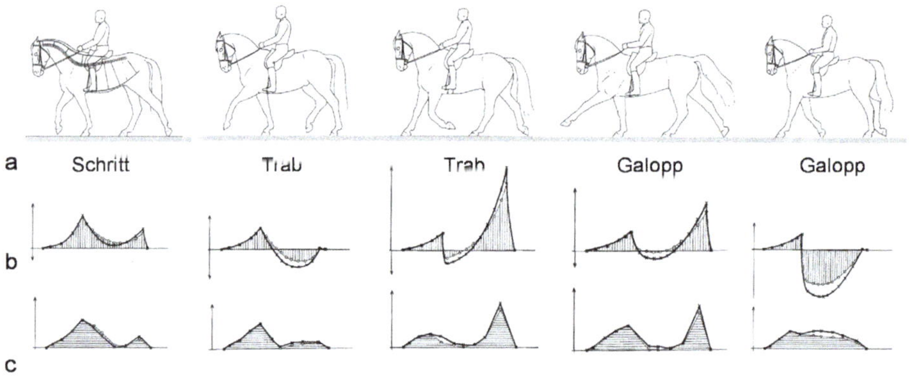

Abb. 47 Mit der Stellung der Pferdebeine wechselt auch die Biegebeanspruchung des Körperstamms. Dieser Wechsel erfolgt sehr schnell, ebenso wie der Wechsel der Fußsetzungen. In der obersten Reihe **a** sind Pferde in verschiedenen Gangarten dargestellt. **b** Die zweite Reihe von oben zeigt die Biegemomente, die sich ohne (dünne Linie mit Punkten) und mit Reiter ergeben. **c** Aus den Biegemomenten resultiert die Druckkraft entlang der Wirbelsäule, zu sehen in der dritten Reihe von oben. Zu beachten ist das immer wieder auftretende Absinken der Biegemomente ins Negative im vorderen Brustbereich (nach Preuschoft 1994).

Rücken der Reiter sitzt (**Abb. 48**). Die besten der sog. „**Gewichtsträger**" sind nicht die größten Pferde, sondern die kurzen. Der vorgeneigte Sitz der Rennreiter entlastet den Rumpf und bringt das Gewicht über die Schulter auf die Vorhand, auf der ohnehin der größere Anteil des Gewichts liegt.

Der Einfluss des Reitergewichts ist bei dem „Quadratpferd" im Vergleich zum „Rechteckpferd" deutlich geringer, es kann also mehr Gewicht bei gleicher Belastung tragen. Der Ort, an dem der Reiter sitzt, kann nur durch die Lage des Sattels bestimmt werden und beeinflusst auch schon die Biegung des Pferderumpfes, wenn auch in geringem Maße. Je nachdem, ob er weit hinten oder weit vorn sitzt, ist sie größer (Diagramme oben) oder geringer (Diagramme unten). Die Ziffern sind relative Werte, die nur den Vergleich erleichtern sollen.

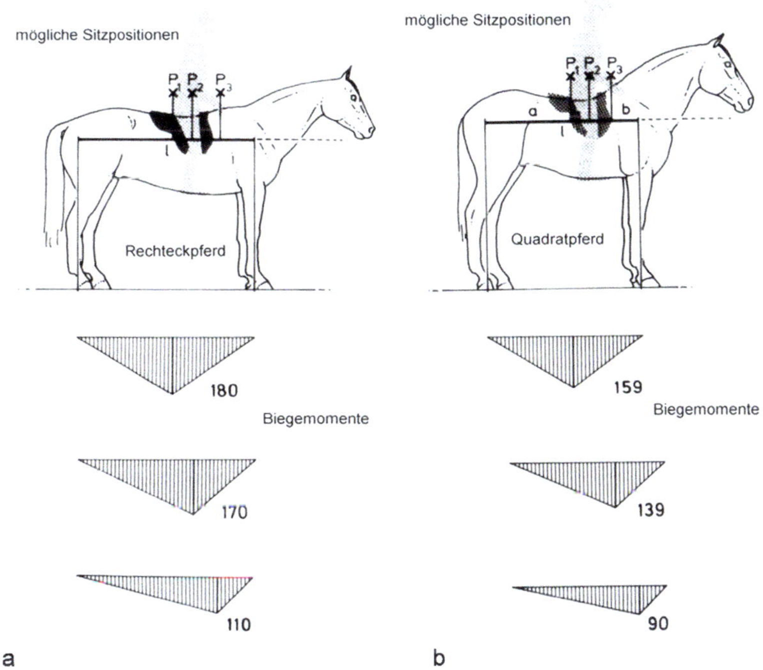

Abb. 48 Biegemomente, die allein der Reiter in verschiedenen Sitzpositionen hervorrufen kann: **a** Format eines „Rechteckpferds" (länglicher Rumpf), rechts **b** ein „Quadratpferd" (kurzer Rumpf, nach Preuschoft 2008).

8.2 Beschleunigungen auf den Reiter

Neben dem Eigengewicht wirkt auf jeden Reiter – ebenso wie auf sein Pferd (siehe **Abb. 33**) – immer die Trägheitskraft. Sie setzt sich mit dem Gewicht zu einer Resultierenden zusammen, die beim Beschleunigen nach rückwärts gerichtet ist, beim Bremsen aber nach vorn (**Abb. 49 a**).

8.2.1 Bei Tempo- und Richtungsänderungen

Auch auf den Reiter wirkt, ebenso wie auf das Pferd, immer und überall die **Gewichtskraft**, nach unten zur Erde hin. Dazu kommt noch die Kraft der **Mas-**

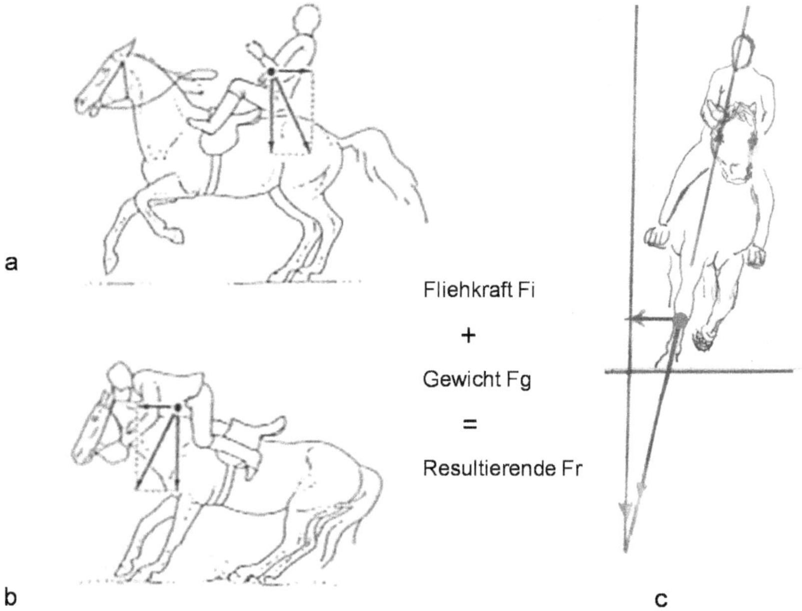

Abb. 49 Trägheitskräfte (waagerechte Pfeile) und Gewichtskraft am Reiter (senkrechte Pfeile) sowie deren Resultierende (geneigter Pfeil): **a** bei einem plötzlichen Vorspringen des Pferdes, **b** bei einem jähen Stopp, wie vor einer sehr schnellen Kehrtwendung, **c** eine seitwärts gerichtete Wendung, wie beim selbständigen Aussondern von Rindern (cutting). In dem hier gezeichneten Fall geht der Reiter mit dem Pferd mit.

senträgheit, die (salopp ausgedrückt) versucht, ihn mit der gleichen Geschwindigkeit in der einmal eingeschlagenen Richtung weiterzubewegen. Bei jeder Änderung der Bewegungsrichtung entsteht eine Resultierende, die zur äußeren Seite hin gerichtet ist (**Abb. 49, vgl. auch Abb. 33**) und der das Pferd durch ein „In-die-Kurve-Legen" begegnet. Der Reiter legt sich im Idealfall ebenfalls, und um den gleichen Winkel, in die Kurve (**Abb. 49 c**). Bei Änderungen des Tempos ist die Resultierende nach unten-hinten oder nach unten-vorne gerichtet (**Abb. 49 a, b**). In den Gangarten wirken diese Kräfte durch Richtungs- oder Tempoänderungen normalerweise auf beide Partner in gleicher Weise.

Aber die resultierende Kraftrichtung muss nicht immer bei Reiter und Pferd gleich groß sein, und sie kann beim Reiter vorwärts oder rückwärts über den Rand der Unterstützungsfläche hinausreichen. Da der Reiter auf dem an der Oberseite stets etwas rutschigen Sattel sitzt und vor allem weil sein Schwerpunkt eben doch ein kleines Stück weit oberhalb seiner Unterstützungsfläche liegt, kann es zu einem Abweichen der Kräfte, denen er (nicht aber sein Pferd) unterliegt, von der Unterstützung kommen. Das kann dann durchaus zu einem Sturz vom Pferd führen.

8.2.2 In den Gangarten

Das Pferd mit seiner großen Masse zwingt, wie oben (Kapitel 5.3) schon einmal gesagt, seine Beschleunigungen in den Gangarten dem (viel leichteren) Reiter auf. Im Idealfall verhält sich die Masse des Reiters bei einem besonders schmiegsamen Sitz und guter Passform des Sattels wie ein Teil der Masse des Pferdes. Wenn aber der Reiter nicht geschmeidig mitgehen, nicht „am Sattel kleben" kann, wirken hohe Kräfte (= *Masse mal Beschleunigung*) in schneller Folge auf den Reiter ein: Der Pferderücken kommt seinem Gesäß entgegen, welches sich gerade in der ständig wiederholten schnellen Folge abwärts bewegt. Es handelt sich um das vor allem bei Anfängern gefürchtete „Werfen", das im Trab besonders ausgeprägt ist (**Abb. 50**).

Jeder Reitanfänger erduldet, wie schauderhaft er im „Arbeitstrab" durchgeschüttelt wird, wenn er versucht auszusitzen. Die Höhe der Beschleunigung sowie deren rasche Wiederholung (zweimal pro Zyklus) macht den ausgesessenen Trab unbeliebt und begünstigt das „Leichttraben". Mit dessen Hilfe können zumindest die häufigen Wiederholungen um den Faktor zwei vermindert werden. Der Reiter nützt die ihm erteilte Beschleunigung zum Aufstehen und setzt sich erst im übernächsten Zyklus wieder in den Sattel, wenn die gleiche Diagonale fußt. Mit den zunehmenden Fertigkeiten missbilligt der Reiter zwar immer noch das Werfen, aber er findet sich damit ab und zunehmend oft gelingt es ihm, sein Pferd zu versammeln und so das Werfen in Grenzen zu halten. Das Versammeln ist in aller Regel mit einer Verlangsamung des Tempos verbunden. Das allein bringt schon mehr Bequemlichkeit in den Trab, wie im „Jog“ der Westernreiter, der nichts anderes ist als ein sehr verkürzter Trab ohne jede Kadenz, der gut ausgesessen werden kann.

Im „deutschen“ Trab wird der Reiter zweimal in jedem Zyklus mit etwa zweifacher Erdbeschleunigung hochgeworfen. Das ist bei den sehr „schwungvoll“ gehenden, großen Warmblütern besonders stark ausgeprägt. Die Frequenz ist so hoch, dass dem Reiter während der Abwärtsbewegung das Pferd schon wieder entgegenkommt. Scheußlich.

Im Galopp wird das Werfen schon durch die nur halb so große Frequenz leichter ertragen – das Pferd wirft den Reiter nicht zweimal, sondern nur einmal in jedem Zyklus nach oben. Zwischen den Bewegungen nach oben liegen relativ lange Phasen, in denen wenig passiert. Kommt hinzu, dass die Beschleunigungen weniger hoch ausfallen als im Trab. In manchen Fällen sind die einzelnen Fußsetzungen als Zacken gut erkennbar getrennt (**Abb. 34**), in manchen Fällen sind sie verschmolzen. Die Bewegungen nach hinten und vorne in der Horizontalen sind ausgeprägt, aber ruhig. Kein Wunder also, dass in allen Arbeitsreitweisen der Galopp gegenüber dem Trab bevorzugt wird und er viel häufiger in allen seinen Variationen des Tempos angewendet wird. Bei Rechts- bzw. Linksgalopp gibt es in dieser Hinsicht keine Unterschiede.

Geringe Beschleunigungen erzeugt auch die Muskulatur des Reiters. Sie werden von der großen Masse des Pferdes aufgefangen, ohne sicht- oder messbare Reaktionen zu erzeugen. Das Pferd jedoch nimmt sie mit seiner Hautsensibilität als Einwirkungen oder sehr feine „Hilfen“ wahr und befolgt sie – meistens – auch, wenn es das gelernt hat.

Es gibt auch Vorstellungen darüber, dass die Wirbelsäule des Reiters die Beschleunigungen dämpfen kann. Unsere im Folgenden beschriebenen Untersuchungen zeigen, dass die Wirbelsäule des Reiters sich nicht so verhält und keine Dämpfung stattfindet. Experimentell haben wir geprüft, wie sich die Beschleunigungen am Sattel, in der Lendengegend des Reiters und an dessen Kopf bemerkbar machen (**Abb. 50**). Als Ergebnis können wir feststellen, dass die Beschleunigungen nach oben dem Reiter ohne jede Dämpfung mitgeteilt werden und dass sie bis zu dessen Kopf durchlaufen. Im Schritt kommt es

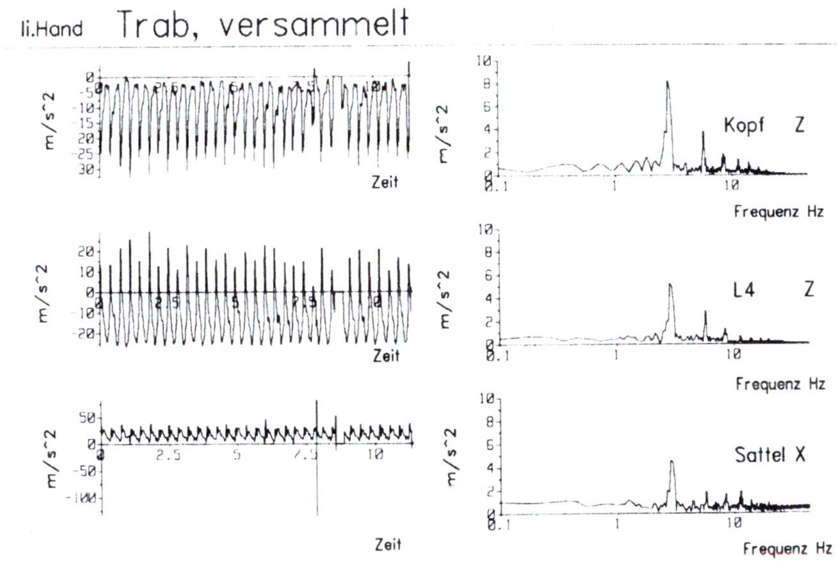

a

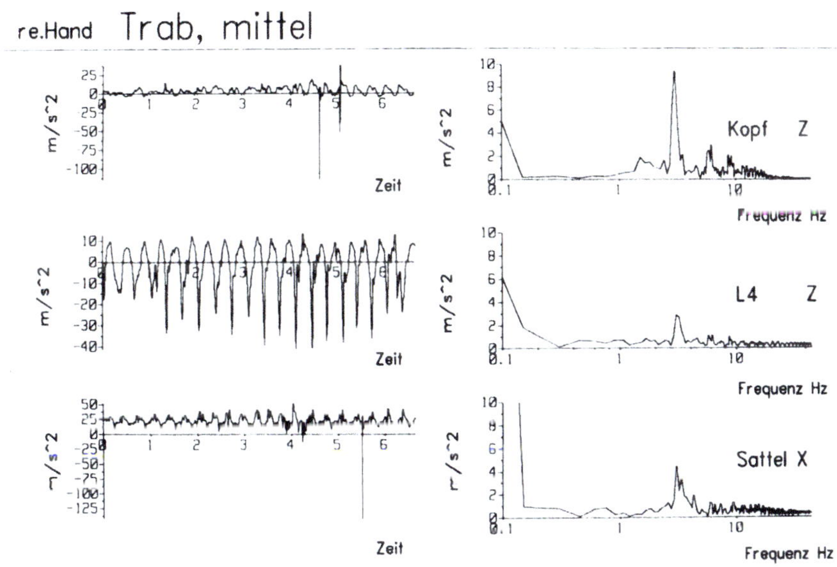

b

Abb. 50 Beispiele für Beschleunigungen **a** im Trab und **b** Mitteltrab, die das Pferd bei der Fortbewegung erzeugt. Gemessen wurde am Sattel (Grafiken unten), an der Lendenwirbelsäule L4 des Reiters (Mitte) und auf dem Kopf des Reiters (oben). Die Beschleunigungswerte [m/s²] sind im zeitlichen Verlauf (links) und im Frequenzverlauf (rechts) dargestellt. Der Maßstab auf der Ordinate (linke Grafiken) ist leider nicht harmonisiert. Die Frequenzanalysen zeigen jedoch die wenig veränderte Weitergabe der Beschleunigungen vom Sattel über die Wirbelsäule bis zum Kopf.

nur zu geringen Beschleunigungen, im Galopp haben wir sie kleiner gemessen als im Trab, andere Untersucher hingegen ebenso groß. Jedenfalls haben sie nur die halbe Frequenz und sind schon deshalb weniger abrupt.

8.3 Sitzfläche und Sitzposition

Der Sitz des Reiters ist ein viel behandeltes Thema (z. B. Branderup & Kern 2003, Hinrichs & Branderup 2005), weil eine bestimmte Art des Sitzens und die daraus resultierende Gewichtsverteilung bzw. Änderung dem Reiter die Möglichkeit gibt, sein Pferd mit feinsten Signalen zu steuern und mit ihm zu kommunizieren.

Für die Pferde ist das gut verständlich und oft hat man den Eindruck, dass sie gar nicht anders können, als dem signalisierten Wunsch des Reiters zu folgen. Vieles ist richtig, was dazu gesagt und gefordert wird.

Reitanfänger oder wenig geübte Reiter sollten nicht durch zu viele Vorschriften und Tipps in eine bestimmte Art des Sitzens gepresst werden, weil dies zu einer unnatürlichen Haltung, einer Befangenheit und schließlich gar zum Verkrampfen führen kann. Zunächst sollte einmal ein Wohlgefühl auf dem Pferd erzeugt und Gelegenheit geschaffen werden, dessen Bewegungen zu erspüren. Ich vertrete deshalb die Meinung, dass der Reiter zuerst alle Freiheiten haben sollte, um seinen natürlichen Impulsen zu folgen (Preuschoft et al. 2012).

Entscheidend ist, dass der Schwerpunkt des Reiters in der Hinter- und Seitenansicht über der Sitzfläche des Sattels bleibt. Diese „mittlere Position" ist der Ausgangspunkt für Gewichtsverlagerungen, mit denen das Pferd eindrucksvoll gut zu „steuern" ist.

Die Sitzfläche stellt über den Sattel den Kontakt mit dem Pferd her. Sie besteht im einfachsten Fall aus der Unterseite des Gesäßes und den Oberschenkeln (**Abb. 51 a**). Die Unterschenkel übernehmen nur einen geringen Teil des Reitergewichtes, gerade so viel, um die Steigbügel am Fuß zu halten. Eine

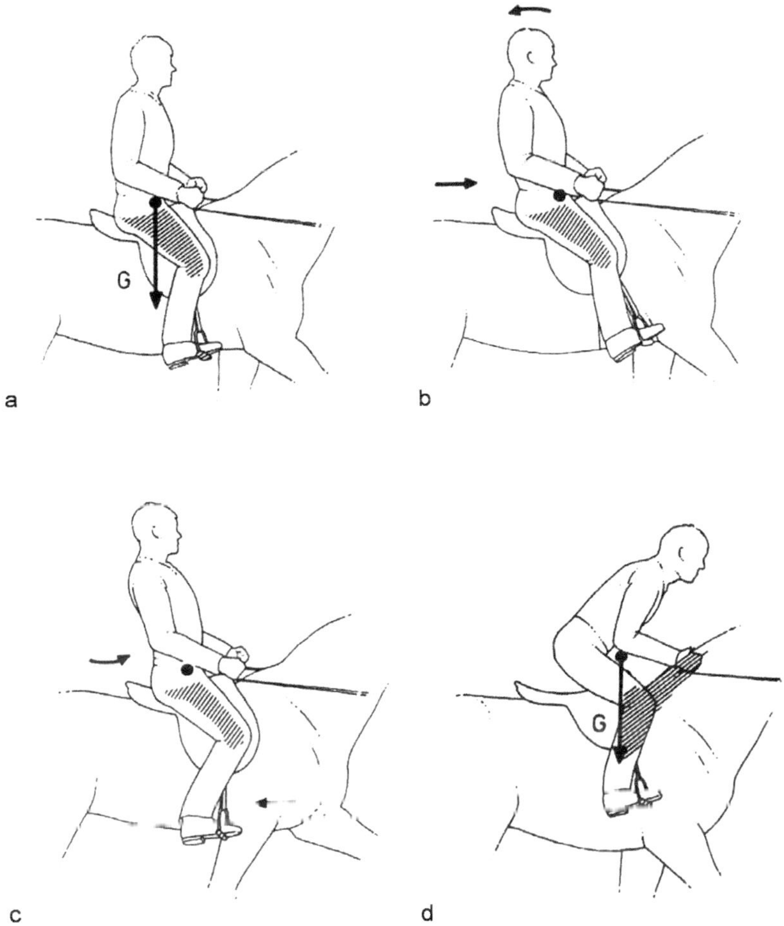

Abb. 51 Unterstützungsfläche und Körperschwerpunkt des Reiters auf dem Pferd: **a** Normaler „Vollsitz“, **b** Vollsitz mit vorgestreckten Beinen – dadurch wird der KSP nach vorn verlagert. Nur ein Rückwärtsneigen des Rumpfes kann diese Verlagerung ausgleichen. **c** Sitzen mit „angespanntem“ Kreuz. Dies ist nur möglich, wenn gleichzeitig die Schenkel angelegt werden. **d** „Leichter Sitz“ wie bei einem Spring- oder Vielseitigkeitsreiter. Nach Preuschott et al. 1995.

Verlagerung des Reitergewichts nach vorn oder hinten ist nur sehr begrenzt möglich, weil sein Schwerpunkt so dicht über der Unterstützung liegt.

Durch Vorstrecken der Beine (**Abb. 51 c**) wird die Position des Körperschwerpunkts nach vorn verlagert. Diese kann zwar durch ein Zurücklehnen des Oberkörpers ausgeglichen werden, das ist aber nicht empfehlenswert – genauso wenig wie das Vorstrecken der Beine. Der Reiter muss wissen, dass diese Gewichtsverlagerungen so groß sind, dass das Pferd sie als Signale bzw. Hilfen versteht.

Eine vermeintlich aufrechte Sitzposition mit „angespanntem Kreuz" (**Abb. 51 c**) ist nur durch Anlegen der Schenkel möglich.

Im „leichten Sitz" (**Abb. 51 d**) stützt der Reiter sein Gewicht auf die Steigbügel. Er wird dabei nicht „leichter", sondern kann Lastspitzen abfedern und seinen Schwerpunkt dynamisch verändern. Das sieht man bei Springreitern und auf den Querfeldeinstrecken der Vielseitigkeit am besten. Die Rennreiter machen das wie die Springreiter so, wobei u. U. auch die Innenseiten der Unterschenkel beteiligt werden. Der noch höhere Rennsitz der Jockeys hebt die Knie deutlich über den Pferderücken und schafft so ein weiteres Gelenk zum Federn und Dämpfen.

Wenn ein Pferd „pullt", lösen Jockeys und **Springreiter** die Aufstützung der Hände am Pferdehals und ersetzen sie durch den Zug am Zügel. Gleichgewicht wird dadurch eingestellt, dass der Schwerpunkt des Reiters hinter den Steigbügeln liegt und durch sein Gewicht ein nach hinten drehendes Moment erzeugt wird. Im Finish des Rennens, wenn die Pferde auf das Äußerste getrieben werden, „schicken" die Jockeys ihre Pferde durch Vorwärts-Stoßen der Hände entlang des Halses und verlieren so die vordere Unterstützung. Oft sieht man, wie das durch ein Einsitzen in den Sattel ausgeglichen wird.

Der Verlagerung des Schwerpunkts des Reiters sind in der Vorder- oder Rückansicht Grenzen gesetzt (**Abb. 52**). Im symmetrischen Vollsitz können ohne KSP-Verlagerung Hilfen über Oberschenkel oder Unterschenkel erfolgen (**Abb. 52 a**). Die Lastarme der Unterschenkel sind ziemlich lang, sowohl im Hüft- (rechts) wie im Kniegelenk (links), die mit dem Schenkel ausgeübte Kraft folglich nicht allzu hoch. Eine Verschiebung des KSP zu einer Seite (**Abb. 52 b**) hin führt zu vermehrtem Gewicht auf dem gleichseitigen Steigbügel und zu vermindertem Gewicht auf dem der Gegenseite. Der KSP (**Abb. 52 c**) kann auch so weit zur Seite hin verlegt werden, dass er sich gar nicht mehr

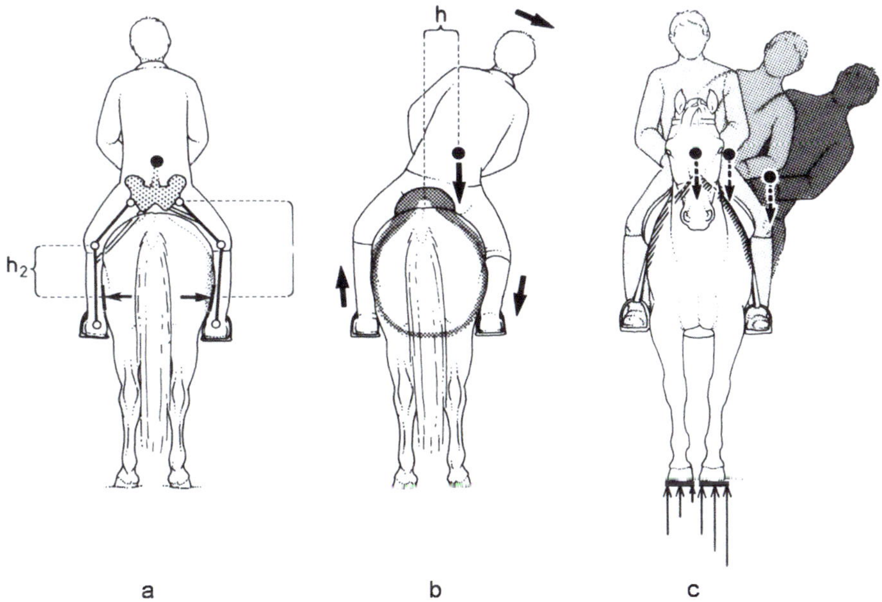

Abb. 52 Seitliche Verlagerung des Reiterschwerpunktes: **a** Vollsitz symmetrisch. **b** Vollsitz asymmetrisch mit unterschiedlicher Belastung der Steigbügel. **c** Deutliche Schwerpunktverlagerung mit asymmetrischer Belastung der Hufe (nach Preuschoft et al. 1995).

über der Unterstützungsfläche befindet. Diese Positionen benutzen „Trickreiter". Die Hufbelastungen werden dabei asymmetrisch und der Sattel muss diese erhebliche Rotationkraft über den Widerrist auffangen.

Der asymmetrische **Seit- oder Damensitz** funktioniert aus eigener Erfahrung (!) bei gut ausgebildeten Pferden wunderbar. Es wird dabei immer wieder betont, dass ein Damenpferd auch oft wiederholt im Herrensitz geritten werden muss (z. B. Faltejseck 1998, ebenso O'Brian, mündliche Mitteilung). Die Situation im **Seitsitz** auf dem Damensattel (**Abb. 53**) ist ganz anders als im symmetrischen „Spreiz"-Sitz. Die Kontaktfläche zwischen Reiter und Pferd dehnt sich nur an einer Seite aus und stützt deshalb auch nur auf einer Seite. Der Einseitigkeit der Einwirkung mit nur einem Schenkel wirkt die auf der anderen Seite getragene, zumeist recht steife Gerte entgegen. Die Oberschen-

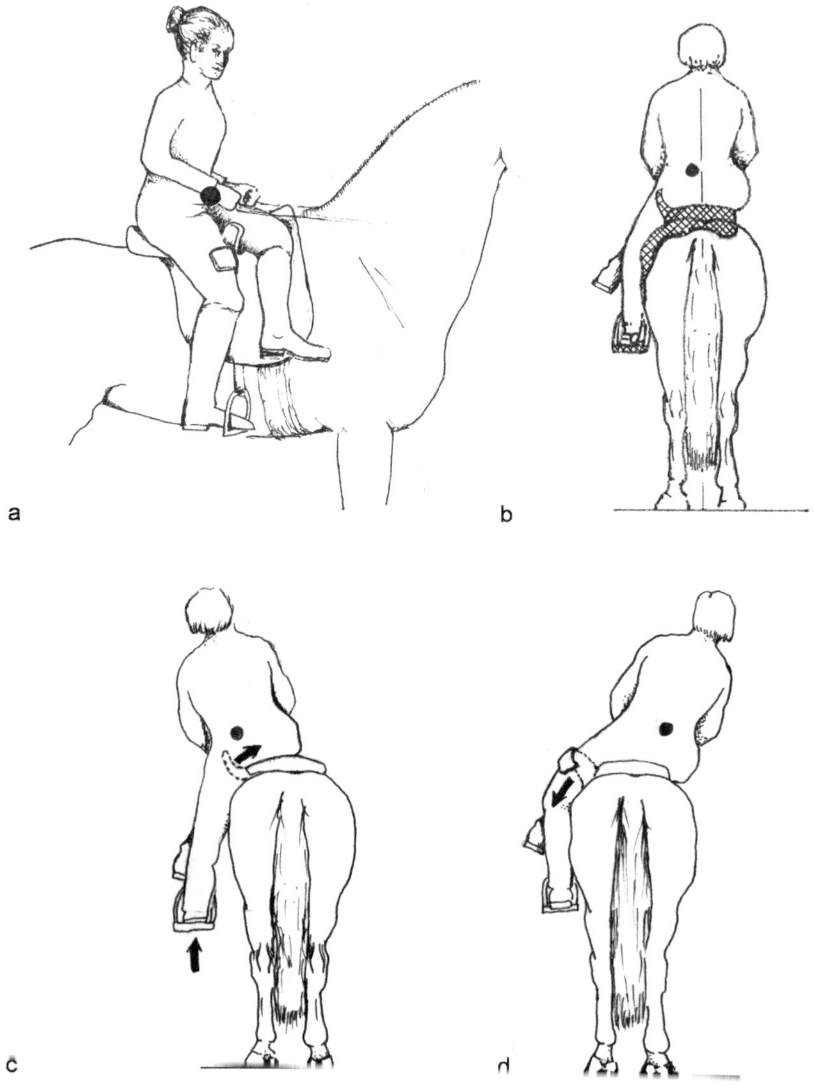

Abb. 53 a Seit- oder Damensitz. Die Reiterin trägt in den Abbildungen Hosen, um die Lage der Beine sichtbar zu machen. Zu beachten sind die Position der Beine und die Hörner, die das übergeschlagene Bein hoch und das stärker gestreckte Bein der Steigbügelseite tief halten. **b** Unterstützungsfläche (schraffiert) von hinten. **c** Einem Ausweichen zum gestreckten Bein hin setzen die Hörner und der Steigbügel Grenzen. **d** Das untere Horn hält den Oberschenkel fest und hindert ihn am Aufwärts-Gleiten, so dass auf den Oberschenkel eine Zugkraft wirkt.

kel werden durch die Hörner in ihrer Lage gehalten. Diese verhindern ein Abrutschen zur einer der beiden Seiten hin und geben dem Menschen damit mehr Sicherheit als der symmetrische Sitz (Montgelas 1921).

8.4 Sattel

Der größte Teil des Reitergewichtes ruht auf den Verbindungen zwischen „Sitzbeinen“ und den „Schambeinen“ (siehe **Abb. 55 b, c**). Man kann sich leicht ein Bild von den wirkenden Kräften machen, wenn man einfach mal die Hände unter sein Gesäß hält und sich hinsetzt. Die Finger werden dabei ganz schön gequetscht! Genau die gleiche Kraftverteilung bekommt auch das Pferd zu spüren, wenn man ohne Sattel reitet. Das ist also gar kein reines Vergnügen für das Pferd, besonders dann nicht, wenn der Reiter über lange Strecken auf der gleichen Stelle sitzen bleibt. Ändert er seine Sitzposition öfter einmal, verschieben sich die Stellen höchsten Druckes und machen die Sache so erträglicher.

Wirksame Abhilfe wird von alters her durch die Verwendung von Sätteln geschaffen (**Abb. 54 und 55**). Seit der Skythenzeit sind Sättel bekannt, ganz konsequent in Gebrauch sind sie seit dem römischen Altertum („Hörnchensattel“, Junckelmann 1991). Ein Sattel verteilt das Reitergewicht über eine größere Auflagefläche, im Idealfall schön gleichmäßig (**Abb. 54 a**, **b**, **c**, **f**, **g**). Der zumeist eingebaute Sattelbaum ist ein erprobtes Mittel, die Last gleichmäßig zu verteilen, was baumlose Sättel nicht so unbedingt können. Unstetigkeiten in der Auflage können zu Konzentrationen der Drucklast führen. Ungleich kann schon die Rückenmuskulatur sein, wenn Verhärtungen an bestimmten Stellen auftreten (**Abb. 54 d**). Häufiger sind Ungleichheiten durch den Sattel selbst oder seine Unterlage verursacht: Der gute alte Woilach kann eine Falte enthalten, die zu einem Satteldruck führt, ebenso wie die heute häufig verwendeten Schabracken oder Schaffelle. Recht sicher verhindern sehr langlebige Filzunterlagen eine Druckkonzentration. Diese werden leider allzu oft nicht als „schick“ empfunden.

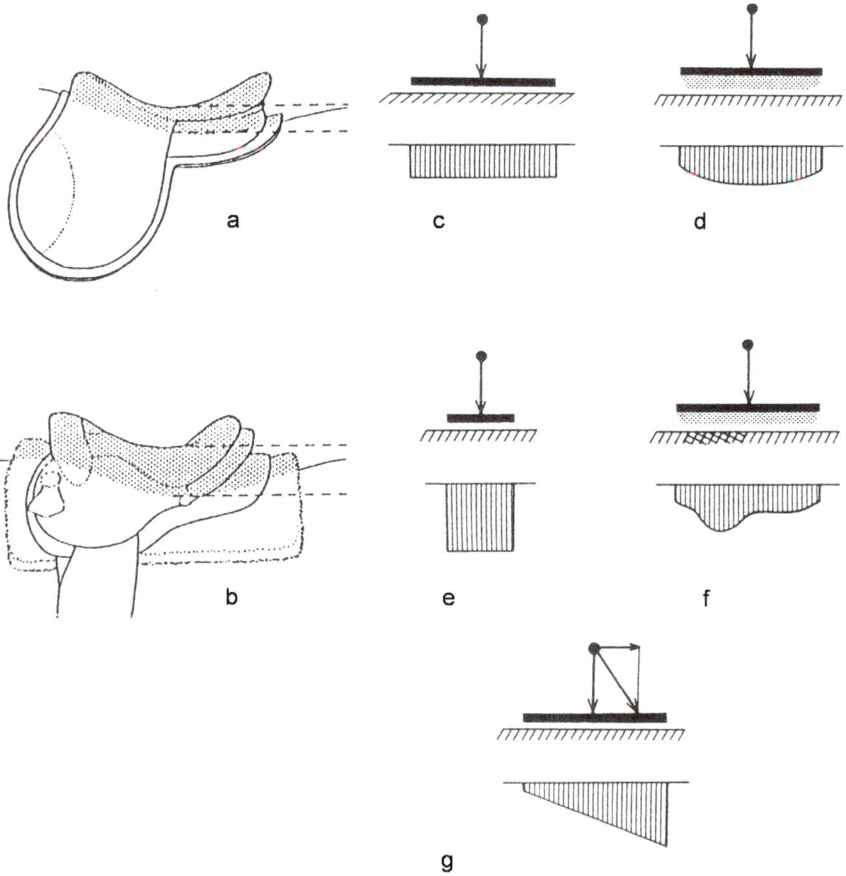

Abb. 54 Alle Sättel **a**, **b** vergrößern die Kontaktfläche zwischen Reiter und Pferderücken. Eine große Kontaktfläche **c** bringt geringen Druck mit sich, eine kleine (**e**) dagegen hohen Druck. **d** Eine weiche Unterlage verteilt den Druck, aber eine Verhärtung führt zu Erhöhungen des Drucks an umschriebenen Stellen **f**. Diese Verhärtung kann im Rücken des Pferdes liegen (durch verkrampfte Muskeln oder durch Narben), aber ebenso gut in der Sattelunterlage. Die Kombination von Gewicht und Trägheitskraft führt zu einer ungleichen Belastung des Sattels **g** – viel stärker als Verschiebungen des Kontaktes zwischen Reiter und Sattel, wie sie oben dargestellt sind (nach Preuschoft et al. 1994 a & b).

Befestigt werden die Sättel am Pferd durch einen Gurt (**Abb. 55**), der um das hintere Ende des Brustbeins zieht. Der Zug auf dem Gurt führt zu einer zweimal so großen Umlenkkraft gegen das Brustbein, das über die Rippen mit der

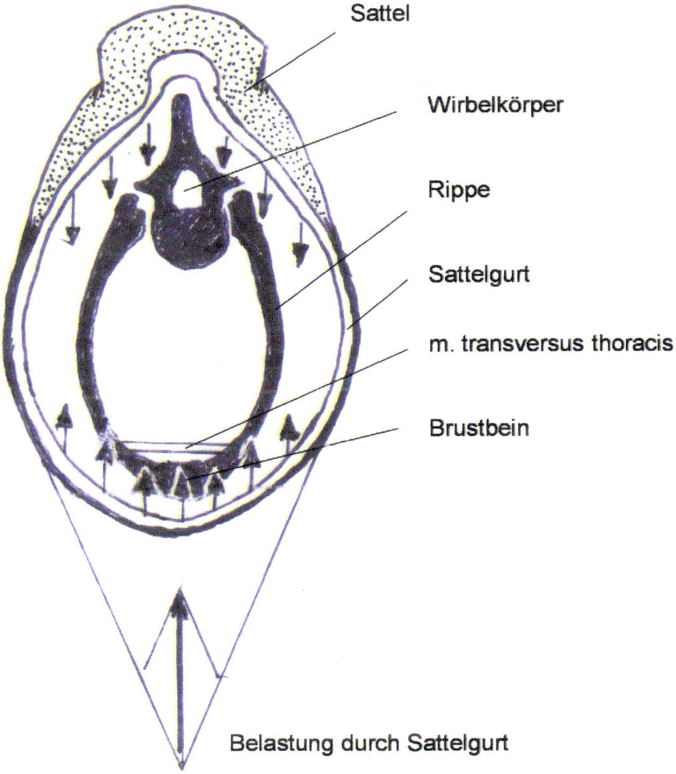

Abb. 55 Querschnitt durch den Pferderumpf in der Sattellage. Der Gurt (dicke schwarze Linie) setzt sich oben kraftschlüssig in das Sattelpolster (punktiert) fort. Die Zugkraft auf dem Gurt ist an beiden Seiten gleich groß. In der Mitte setzen sich beide Teilkräfte zu einer Resultierenden zusammen, die gegen das Brustbein (schwarz) drückt. Wegen der Breite der Auflage (aufwärts gerichtete Pfeile) bleibt sie in leicht erträglichem Bereich, erweckt aber eine Gegenkraft (abwärts gerichtete Pfeile) im Sattel. Durch das Reitergewicht wird der Druck von oben nach unten noch vergrößert. Der Abstand zwischen dem Brustbein und der Wirbelsäule wird durch die vorderen Rippen aufrechterhalten. Diese tragen sowieso den größten Teil des Körpergewichts und sind deshalb überaus stark. Beim Stehen auf beiden Vorderbeinen tritt an der Brustbeinseite eine horizontale Zugkraft auf, welcher der M. transversus thoracis Widerstand leistet.

Wirbelsäule verbunden ist. Der Kraftkreis schließt sich über dem Sattel, welcher die Kraft über eine große Fläche verteilt. Beim Angurten muss man keine Sorgen haben, das Pferd ernsthaft zu schädigen oder gar die Rippen zu brechen. Viele Pferde empfinden aber das Anziehen der Gurte als unangenehm. Man tut ihnen einen Gefallen, wenn man den Gurt eben rücksichtsvoll nach und nach in Intervallen anzieht, vielleicht erst nach ein paar hundert Metern im Schritt. Das Rutschen des Sattels zu einer Seite hin wird normalerweise durch den hohen Widerrist verhindert, der von einem intakten Sattelbaum umfasst wird. Wegen eines gebrochenen (!) Sattelbaumes ist mir einmal ein Sattel während eines schnellen Galopps über 2000 m auf der Sandbahn zur Seite verrutscht. War wirklich kein Vergnügen.

Steigbügel oder deren Vorform, einfache Schlingen, sind im frühen Indien, seit der Han-Dynastie in China (siehe Kapitel 3) und seit dem 5. Jahrhundert in Japan bekannt. Die Römer ritten ohne Steigbügel, ebenso wie ihre Kontrahenten im Nahen Osten, die Parther. Die Reiter auf sassanidischen Bildwerken streckten die Fußspitzen stramm nach unten, was nicht für den Gebrauch von Steigbügeln spricht. Bei den Alamannen in Süddeutschland (5. bis 7. Jh.) waren zwar oft Sporen neben Waffen in den Reihengräbern zu finden, aber keine Steigbügel. Schon im Ostrom des 5. und des 6. Jahrhunderts haben Auseinandersetzungen der „Romäer“ mit den „Awaren“ stattgefunden. Diese gelten als diejenigen, die zuerst Steigbügel verwendet haben. Ob die oströmischen Armeen unter Belisar und Narses, welche Nordafrika und Italien zurückeroberten, die Steigbügel übernommen haben, bleibt aber unklar. Wenig später, zur Zeit der Karolinger-Könige standen sich im Osten Franken und auch wieder Awaren gegenüber. Beide werden im 9. Jahrhundert mit Panzerhemden dargestellt. Während der Stuttgarter Psalter die Reiter beider Seiten ohne Steigbügel zeigt, sind im St. Gallener „Goldenen Psalter“ die Fußspitzen der Reiter angehoben und z. T. sind Steigbügel klar zu erkennen. Im Leidener Maccabäer-Codex aus dem frühen 10. Jahrhundert scheinen ebenfalls beide Möglichkeiten dargestellt zu sein. Im Louvre befindet sich eine Bronzefigur, die nach den getragenen Attributen Karl den Großen darstellt und vermutlich im Jahr 870 in Metz gegossen wurde. Sie zeigt ebenfalls einen Reiter ohne Steigbügel auf einem kleinen Pferd, das in deutlicher Beizäumung geht, seine Gangart ist vielleicht ein Tölt, vielleicht ein Galopp (RH-LV, Diagonale aus LH und RV). Seit der Awarenzeit, also im 7. bis 9. Jahrhundert, sind die Steigbügel in Europa recht schnell aufgekommen, und seit den Wikinger-Einfällen und der Normannenzeit im frühesten Mittelalter kamen sie in allgemeinen Gebrauch. Darstellungen aus dem Mittelalter (wie der „Bamberger" und der sehr ähnliche „Magdeburger Reiter") und später zeigen immer angehobene Fußspitzen und tiefer stehende Fersen. Auch wenn keine Steigbügel abgebildet sind, lässt das auf eine Unterstützung des Vorfußes schließen. Die Steigbügel dienten wohl von Anfang an als Hilfe beim Aufsteigen, vielleicht auch zum besseren Ausbalancieren des Sitzes. Es gibt Angaben in der Literatur, die betonen, man sitze fester mit Steigbügeln. Das mag zutreffen. Manche Literatur will glauben machen, man verleihe der Lanze mehr Durchschlagskraft. Durch die Versuche von Junckelmann (1991), der das Reiten in der römischen Kavallerie praktisch nachvollzogen hat, kann man das wohl als Fehlinterpretation abtun. Die Durchschlagskraft einer Lanze hängt primär vom Aufschlagimpuls und nicht vom Sitz des Reiters auf dem Pferd ab.

Falaturi (2004) hat die Kräfte auf den Steigbügeln gemessen und mit denen verglichen, die bei dessen federnder Aufhängung (Elastostep) auftreten. Wie zu erwarten, waren die Steigbügelkräfte mit Elastostep durchweg um etwa 1/3 bis 1/2 kleiner. Die Beschleunigungen waren höher. Ganz besonders ausgeprägt war die Dämpfung im leichten Sitz und beim Leichttraben. Das wurde von vielen Reitern als ausgesprochen angenehm empfunden. Ein interessanter Nebenbefund war die zeitliche Verschiebung der Kräfte zwischen rechtem und linkem Steigbügel in den Seitengängen. Zu Änderungen der dafür notwendigen Schenkelhilfen kann ich leider keine Aussagen treffen.

8.5 Körperhaltung des Reiters

Ausgehend von der im Kapitel 8.4 beschriebenen Sitzposition des Reiters wird oft auch eine „**aufrechte Haltung**" im Sattel verlangt. Untersucht man die Sitzposition mit Methoden der Funktionellen Anatomie, stellt man fest, dass

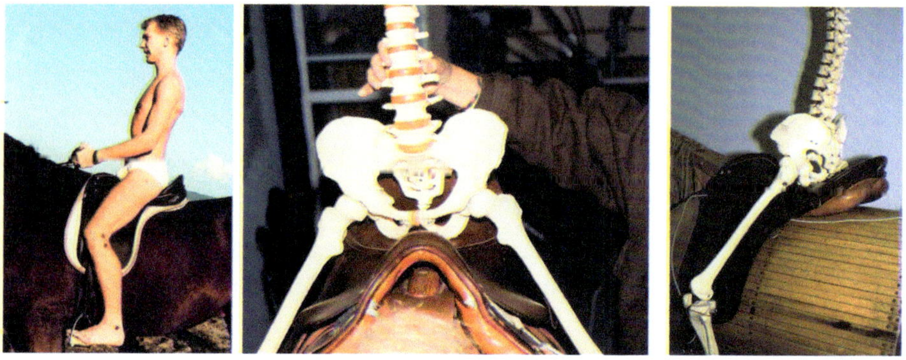

a b c

Abb. 56 Der Reiter **a** sitzt nicht auf dem Sitzbein, sondern auf den unteren Ästen der Schambeine **b** wie auf Kufen, indem er den unteren Teil des Beckens durch Anspannen der Bauchmuskeln nach vorne kippt (Gegenbewegung zum „Hohlkreuz“). **c** Nur dann kommen die Sitzbeine überhaupt in Kontakt mit dem Sattel. Aus Preuschoft et al. 2011.

die Beugung der Hüften das Becken im Sitzen so „mitnimmt“, dass die Wirbelsäule sich aufrichtet. Versucht der Reiter besonders gerade zu sitzen, arbeitet er gegen diesen natürlichen Mechanismus an.

Die **Abb. 56** zeigt sowohl die Rückenlinie als auch die Wirbelsäule eines Reiters. Gleichzeitig lässt sie auch klar erkennen, dass der Reiter im aufrechten Sitz sein Gewicht **nicht** mit den Sitzbeinen auf den Sattel überträgt, sondern über die kufenartige Verbindung zwischen vorderem Ast des Schambeins und dem Sitzbein.

Wir haben uns über dieses Ergebnis gewundert und spezielle Untersuchungen dazu durchgeführt. Während Pakusa (1999) gezeigt hatte, dass Muskeln und Bänder des Hüftgelenks bei einer Beugung dieses Gelenks das Be-

Abb. 57 Versuchsanordnung zur Prüfung der Mitbewegungen der Wirbelsäule. Ermittelt wurden der Winkel zwischen Becken und Rumpf (BW) sowie zwischen Oberschenkel und Rumpf (OSW). Der Rumpf wird immer senkrecht gehalten. **a** Gestreckter, **b** ziemlich enger Hüftwinkel nach Busching 1998. **c** Winkelung der Hüfte von 135° (eingezeichnet) bei Oberbereiter Gottlieb Polak von der Spanischen Reitschule Wien (Ackerl und Lehmann 1940, Seite 197).

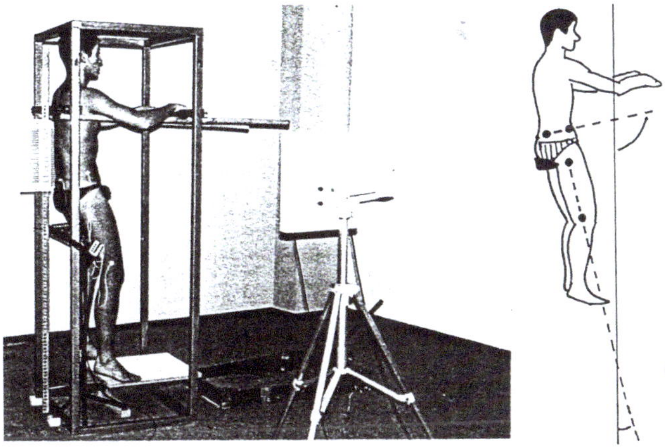

a

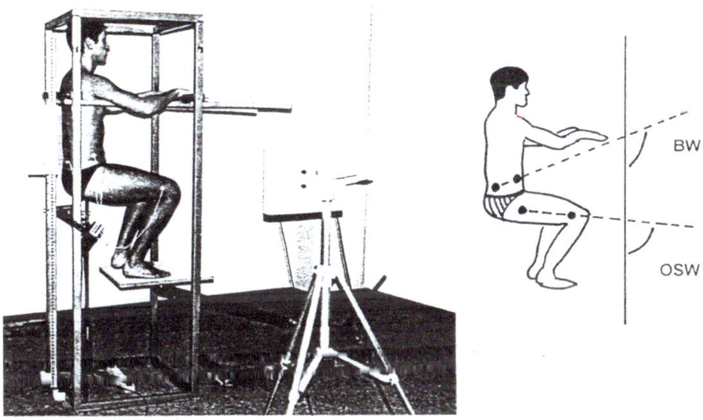

b

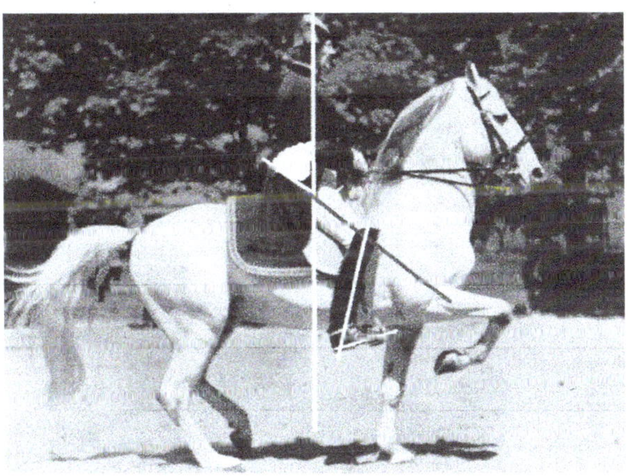

c

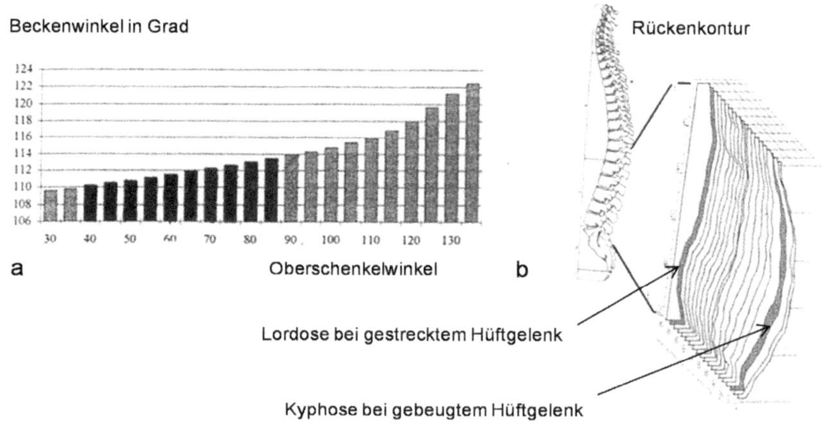

Abb. 58 a: Jede Änderung des Hüftwinkels bewirkt eine Änderung (Kyphosierung) der Beckenstellung. **b** Dies führt im unteren Teil der Wirbelsäule von einer Lordose bei getrecktem Hüftgelenk zu einer Kyphose bei gebeugtem Hüftgelenk (Preuschoft et al. 2011).

cken und die Wirbelsäule mitnehmen, hat Busching (1998) die Krümmung der Wirbelsäule nach Ausschluss aller möglichen äußeren Faktoren gemessen. Zu dem Zweck wurden 49 weibliche und 58 männliche Studenten, zusammen also 107 Probanden beiderlei Geschlechts in ein Gestell gesetzt, das ihrem Körpergewicht eine Unterstützung bot und ihren Armen und Füßen bequeme Ruhe, ohne die Beweglichkeit der Gelenke einzuschränken. Die Plattform, auf welcher die Füße ruhten, wurde dann angehoben und der Hüftwinkel, die Neigung des Beckens sowie die Krümmung der Wirbelsäule gemessen. Die Ergebnisse sind in **Abb. 57** dargestellt: Die Lendenlordose wird bei Beugung des Hüftgelenks immer durch eine Kyphose ersetzt. Sie ist bei 15 % der Individuen vorhanden, wenn der Hüftwinkel 130° beträgt, bei weiteren 17 % ist die Rückenkontur dann gerade, bei 68 % der Individuen verschwindet die Lordose bereits bei einem Hüftwinkel von 150°, bei 32 % der Individuen bei Hüft-Rumpf-Winkeln von 120°. Das „Hohlkreuz" ist demnach in der Mehrzahl der Individuen auf das Becken selbst und die untersten Segmente L5 und S1 beschränkt, die beide vom Knochenbau her vorgegeben sind (**Abb. 58**).

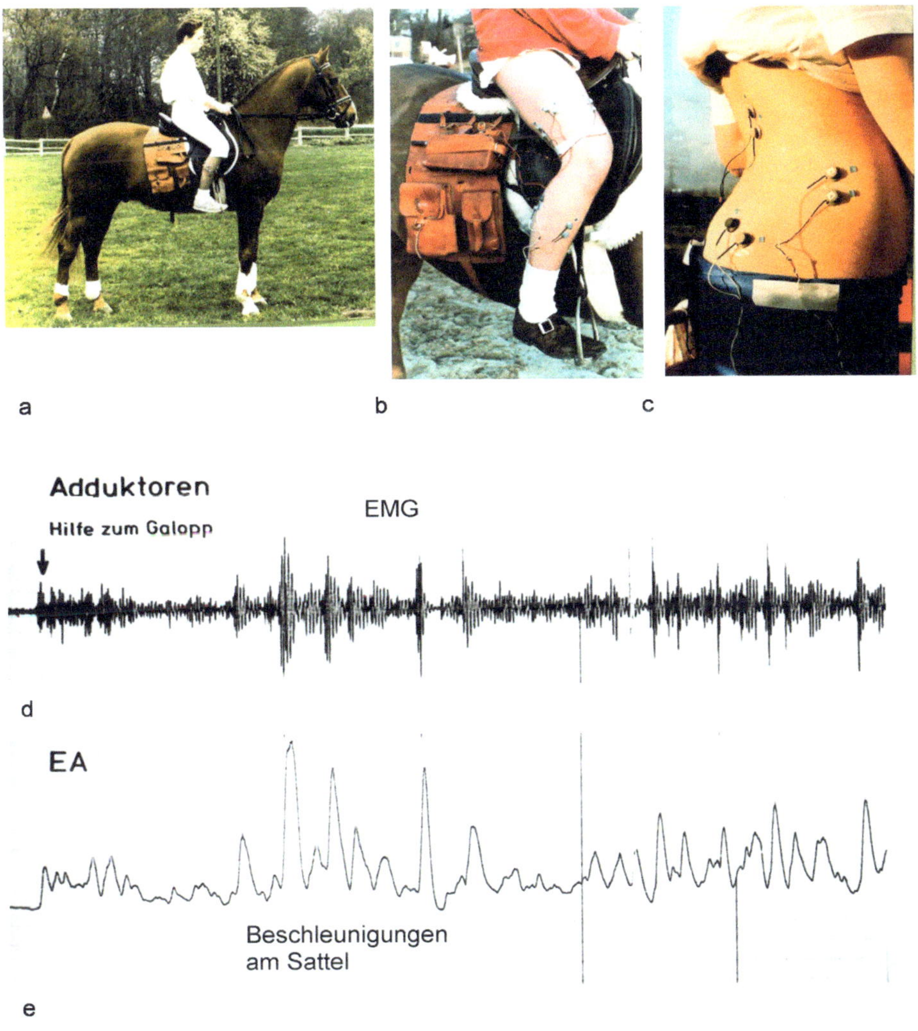

Abb.59 a Reiter und Pferd, ausgerüstet mit Beschleunigungs-Messgeräten und Telemetrie-Anlage. **b** und **c** Platzierung der Oberflächen-Elektroden am Reiter. **d** Ein Beispiel der Muskelaktivität, **e** Beschleunigungskurven am Sattelpunkt des Pferdes, hier im Galopp, die ganz und gar synchron mit der Muskelaktivität des Reiters gehen. (Nach Preuschoft, nicht publiziert.)

Ergänzend zu den funktionellen Untersuchungen der Reiterhaltung haben wir auch Messungen seiner Muskelaktivität durchgeführt und diese in Relation zu den Beschleunigungswerten am Sattel gesetzt. Überrascht waren wir, dass jeder Reiter seine **Muskelaktivität** vollständig mit der des Pferdes **synchronisiert**.

In der **Abb. 59** ist zu sehen, wie wir die Bewegungen des Pferdes und die Tätigkeit der Reitermuskeln kontrolliert haben: Beschleunigungen am Sattelpunkt lieferten uns die Pferdebewegungen, am Reiter haben wir EMG verschiedener Rumpfmuskeln und Muskeln der Beine aufgezeichnet. Keineswegs nur erfahrene Reiter, sondern auch Anfänger, die zum ersten Mal auf einem Pferd saßen, haben nach zehn Minuten ihre eigene Muskelaktivität vollkommen auf die des Pferdes abgestimmt und konnten sich so passiv an die Bewegungen des Pferdes anpassen.

9. Zugriff auf das große und starke Tier

Mit seinem vorgegebenen Körperbau geht der Mensch mit einem Lebewesen um, das ganz andere Bedingungen zu erfüllen hat und viel größer und stärker ist. Das erscheint hoffnungslos: Der eine Partner wiegt 50–100 kg, der andere 400–600 kg. Wie wird ein Mensch mit dem Unterschied an Masse und Muskelkraft fertig? Natürlich setzt der Mensch dabei zuerst seine Hände ein, um vor allem schwache Stellen des Pferdekörpers zu erreichen.

9.1 Nasenrücken

Jeder, der mit Pferden umgeht, weiß, dass man ein Pferd ganz gut mit der Hand über dem **Nasenrücken** halten kann (**Abb. 60 a**). Man macht sich das ganz all-

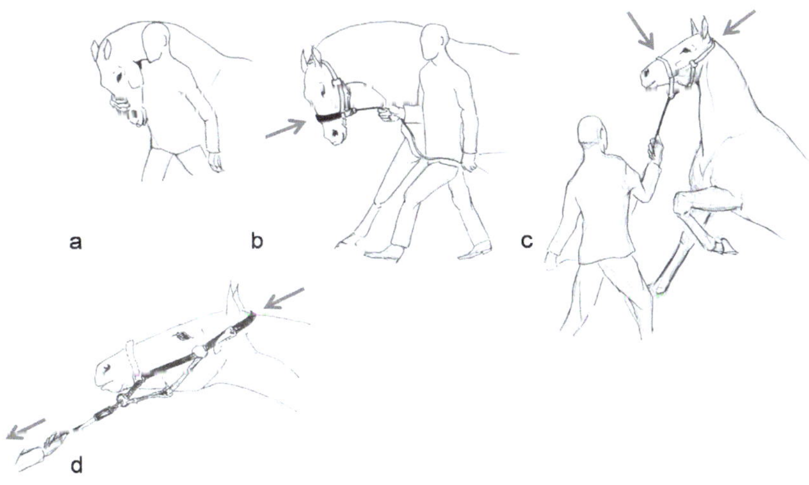

Abb. 60 a Direkter Zugriff auf den Nasenrücken des Pferdes. **b** Wirkung eines Stallhalfters bei entspannter Kopfhaltung, der Zug am Halfterstrick geht unmittelbar auf den Nasenrücken. **c** Wenn das Pferd sich aufbäumt, lenkt es die Zugkraft auf dem Halfterstrick zum Teil auf das Genick um. **d** Zerrt das angebundene Pferd zurück, so wirkt allein eine erhebliche Zugkraft über das Nackenstück auf das Genick.

gemein beim Auftrensen zunutze, wenn man nach dem Abnehmen des Halfters den Zwischenraum bis zum Einlegen des Gebisses überbrücken will. Auch wenn man ein Pferd von der Weide holt, versucht man mit der Schulter am Hals die Hand unter dem Pferdehals durchzuschieben und mit den gekrümmten Fingern den Nasenrücken zu fassen. Erfahrungsgemäß leisten Pferde nur wenig Widerstand gegen einen solchen Zugriff. Ein ganz gewöhnliches Stallhalfter tut oft dasselbe (**Abb. 60 b**), es sei denn, das Pferd hebt den Kopf, so dass die haltende Zugkraft auf dem Halfterstrick über die Backenstücke auf das Genick übertragen wird (**Abb. 60 c**). Die Nachgiebigkeit gegenüber dem Griff auf den Nasenrücken mag mit dem o. g. Sachverhalt (**Abb. 15,** Kapitel 5.3) zu tun haben, dass im Genick eines Pferdes nicht allzu viel Drehmoment entfaltet werden kann. Im Extremfall, wenn ein angebundenes Pferd, oft mit seinem ganzen Körpergewicht nach hinten zerrt, liegt keine Zugkraft auf dem Nasenstück, aber sehr viel auf dem Nackenstück des Halfters. Eine offene Frage besteht darin, ob der Halfterstrick und seine Verankerung dauernd Widerstand leisten oder bei Erreichen eines kritischen Wertes nachgeben, also reißen soll. Im ersten Fall hofft man, das Pferd die Sinnlosigkeit seines Verhaltens nach einer Weile einsieht. Tut es das nicht, besteht die Gefahr einer Genickverletzung und eines Reißens des Halfterstrickes bzw. seiner Verankerung mit nicht einschätzbaren Folgen. Gibt der Halfterstrick bzw. seine Verbindung bei einer gewissen kritischen Belastung nach, kann sich das Pferd losreißen. Dieser Kontrollverlust ist im Vergleich sicherlich besser zu akzeptieren.

Abb. 61 Gängige gebisslose Zäumungen, jeweils in Seitenansicht und auf einem etwas größeren Querschnitt durch den Pferdekopf. **a** Bosal, **b** deutscher, dick gepolsterter Kappzaum mit nur einer Befestigung auf dem Nasenrücken, **c** spanische Serreta oder französischer Caveçon mit zwei Zügeln und zusammen mit der zunächst nicht benutzten, lose im Maul liegenden Kandare, **d** „mechanische“ Hackamore. Preuschoft 1990 c.

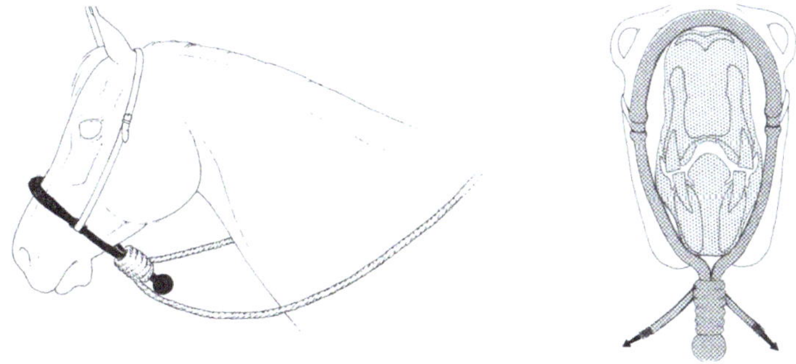

a

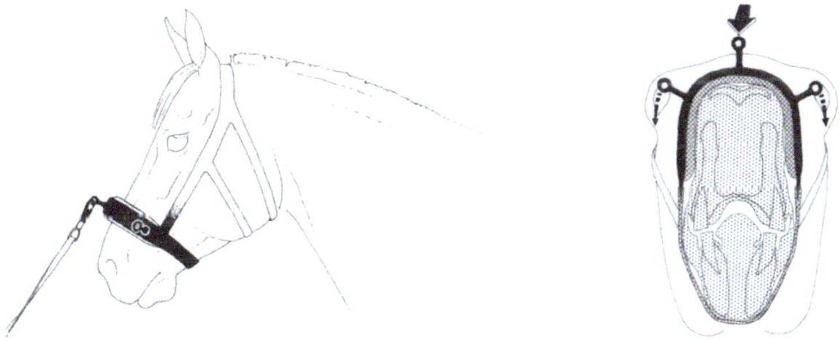

b

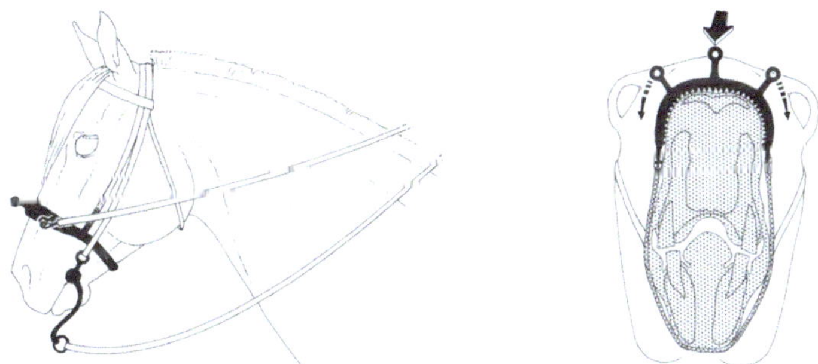

c

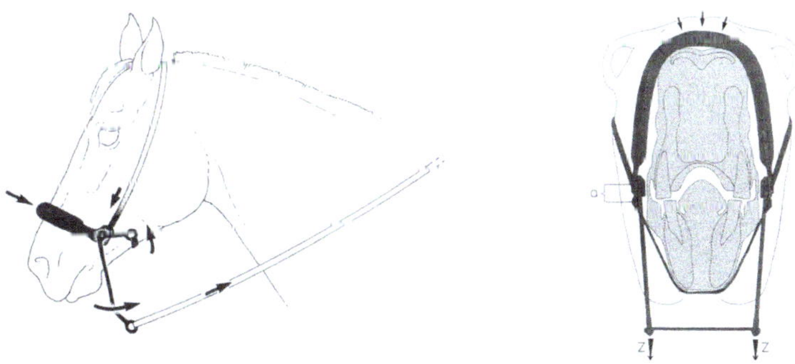

d

9.2 Gebisslose Zäumungen

Die gleiche oben beschriebene Empfindlichkeit des Nasenrückens machen sich die bekanntesten **gebisslosen Zäumungen** (**Abb. 61**) zunutze. Sowohl das **Bosal** als auch der **Kappzaum** und schließlich die **Hackamore** üben Druck auf den Nasenrücken aus. Hier spielt keine Rolle, wie und warum diese Vorrichtungen erfunden und eingeführt worden sind, noch wie sie verwendet werden. Auf die Kappzäume und das Bosal wirken die Zügelkräfte direkt, die Hackamore (gleich ob die „englische" oder die „mechanische") zieht durch die Schwenkung der Bäume die exzentrisch befestigten Nasen- und den Kinnriemen zusammen. Ihre Wirkung ist von der Länge der Bäume abhängig. Die verleihen der Zügelkraft ein beträchtliches Moment, mit dem sie die Befestigungen der beiden Riemen nach hinten bzw. vorn verlagern und damit Ober- und Unterkiefer zusammenpressen. Je länger die Bäume, umso stärker die Wirkung. Recht gut zu übersehen sind die Hebelverhältnisse bei der „mechanischen" Hackamore: Der Unterbaum ist sehr lang und verursacht deshalb ein sehr großes Drehmoment. Der Ausleger nach hinten ist dagegen kurz, ruft damit eine bedeutende Kraft im Kinnriemen hervor, die in gleicher Größe auch auf den Naserücken wirkt. Die übliche dicke Polsterung verteilt die Kraft auf eine ansehnliche Strecke des Nasenriemens. Das ist weniger ausgeprägt bei der „englischen" Hackamore, die man sich als exzentrisch gelagertes System vorstellen kann, das mit Hilfe eines langen Hebels gedreht wird.

Das „**Glücksrad**" (Lehmenkühler und Thiel 2007) oder das „Blumenrad" oder „Sonnenrad" anderer Hersteller funktioniert wie eine Hackamore ohne Bäume: Die Zügelkraft wird exzentrisch auf das Rad übertragen, hat also einen (wenn auch kurzen!) Hebelarm. Die daraus folgende Drehung verkürzt den Abstand zwischen Nasen- und Kinnriemen, zieht also das Pferdemaul zu, wobei auf den Nasenrücken höhere Kräfte wirken als auf den Kinnriemen. Wenn der Nasenriemen starr ist, kommt noch seine Härte zur Wirkung.

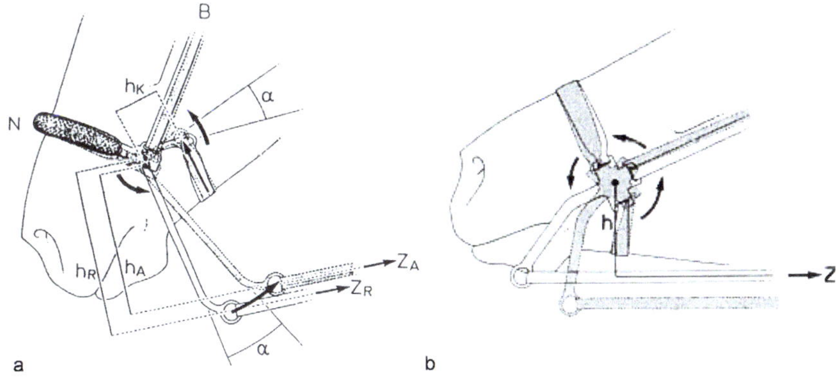

Abb. 62 a Wirkung der „mechanischen" Hackamore in Seitenansicht. Die für die Wirkung entscheidenden Hebelarme der Bäume (hR und hA) und des nach hinten gerichteten Auslegers (hK) sind eingetragen. **b** Die „englische" Hackamore dreht bei Annehmen der Zügel das Metallteil aus der Ruhelage (weiß) etwa um den schwarzen Punkt und spannt dabei Nasenriemen, Kinnriemen und Nackenstück an (grau), weil die Ösen exzentrisch zum Drehpunkt liegen. Die nach hinten gebogenen Bäume sichern dem Zügelanzug auch dann noch einen Hebelarm, wenn der Pferdekopf sehr hoch erhoben wird. Bei geraden Bäumen würden die Zügel u. U. nur das Backenstück in Richtung der Mundspalte hochschieben. Preuschoft 1990 c.

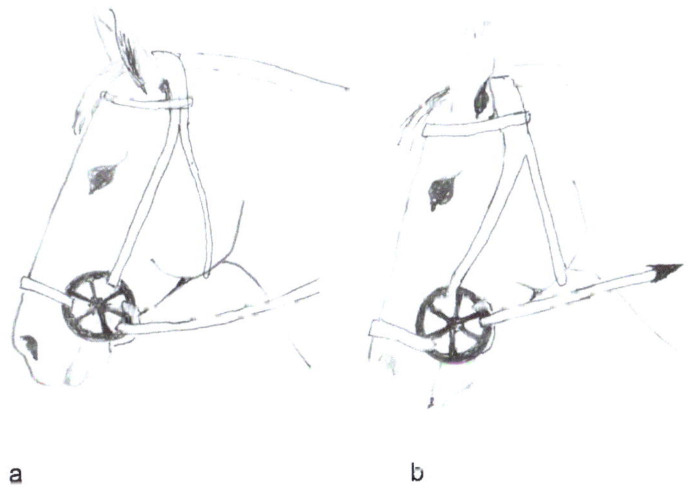

Abb. 63 Das „Glücksrad" ähnelt mechanisch gesehen einer Hackamore ohne Bäume. **a** Entspannt, Zügel locker. **b** Der Zug am Zügel dreht das Rad oben nach vorne, wobei das Backenstück nach unten, der Nasenriemen nach hinten und der Kinnriemen nach vorn gezogen werden. Beide pressen so die Kiefer zusammen.

Das „Glücksrad" scheint schonender und deshalb angenehmer für das Pferd zu sein als die bisher in Abb. 61 und 62 beschriebenen gebisslosen Zäumungen.

In der gleichen Weise schonend macht sich das **Meroth-Halfter** die Umlenkkraft zunutze, die entsteht, wenn die Zügel in den Ringen gleiten, die rechts und links am Nasenriemen befestigt sind. Die Zügel setzen sich in dem Kinnriemen fort. Wie in einem Flaschenzug zieht diese Umlenkkraft den Nasenriemen nach hinten. Den Kinnriemen zieht die gleiche Kraft nach vorne, die auch auf den Zügeln liegt (**Abb. 62**). Auf diese Art kann man auch das „**Sidepull**" der Western-Reiter umändern. Im Regelfall ist dessen Zügel direkt am Nasenstück befestigt und wirkt (nur) direkt auf den Nasenrücken. Das dem Nasenrücken aufliegende Band kann sehr schmal und steif sein (wie beim „Lindel"), wodurch seine Wirkung verstärkt wird. Das ist wenig problematisch. Wenn aber die Zügel durch die beidseitigen Ringe gezogen werden und so den Kinnriemen ersetzen, entsteht wieder eine erhebliche Kraft, die Ober- und Unterkiefer zusammenpresst.

Auch hier handelt es sich wieder um Kraftverstärker, weil die Zügelkraft wie das Seil eines Flaschenzuges geführt wird und doppelt so stark zieht, wie es der Reiter wahrnimmt. Der Reiter hat also die Entscheidung, wie er einwirken will. Nach dem Aufsitzen aber kann er seine einmal gefällte Entscheidung nicht mehr ändern, er muss dann halt absitzen und umschnallen.

Das „bitless bridle" nach Dr. Cook führt anstelle des Kinnriemens einen Riemen hinter dem Unterkiefer zum Backen- und letztlich zum Nackenstück der Zäumung. Damit leitet es die Zugkraft, die beim Meroth-Halfter direkt auf den distalen Unterkiefer wirkt, zu einem Teil auf den proximalen Teil des Unterkiefers in Höhe der Kaumuskeln, zum Teil auf den Nacken des Pferdes um. Gerade das mag vorteilhaft sein, außerdem hat die den Unterkiefer anpressende Kraft einen wesentlich kürzeren Hebelarm und deshalb ein geringeres Moment.

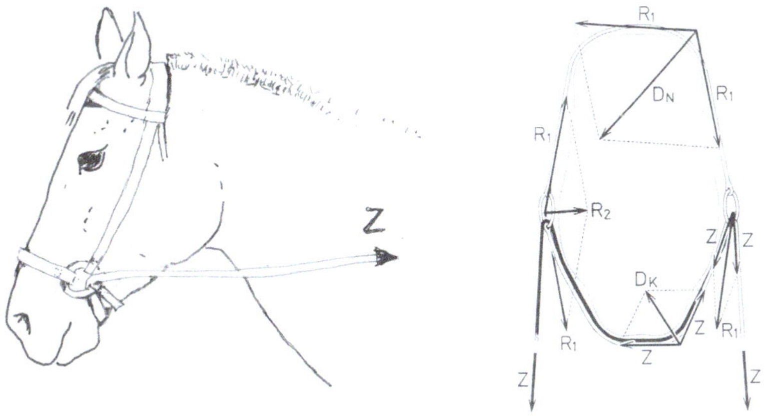

a b

Abb. 64 a Reithalfter nach Meroth in Seitenansicht und **b** seine Wirkung, die im Zusammenpressen von Ober- und Unterkiefer besteht. Man beginnt die Betrachtung am besten mit dem Zug am Zügel (Z) und betrachtet dann den Druck (D) auf den Oberkiefer, zuletzt auf den Unterkiefer. Ergänzt mit a) nach Preuschoft 1990 c.

9.3 Gebisse

Noch empfindlicher als der Nasenrücken ist das Innere des **Mauls**. Schon ganz früh in ihrer mit uns gemeinsamen Geschichte wurden den Pferden von Menschen Dinge ins Maul gelegt, die Reibespuren an den vorderen Backenzähnen hinterlassen haben (Fundort Derejewka, vgl. Kapitel 3.2). Man machte sich damit die Empfindlichkeit der von einer dicken Mundschleimhaut überzogenen Zunge, der „Laden“ und der Lippenwinkel zunutze.

Ein Gebiss bleibt nur an seinem Ort, wenn es durch ein **Reithalfter** gehalten wird. Im einfachsten Fall ist das ein zu den Ohren hin gerichteter Riemen auf jedem Backen, die beide durch ein Nackenstück hinter den Ohren an ihrem Ort festgehalten werden. Das ist bei den meisten Rennzäumungen schon alles. Die meisten Nackenstücke liegen in der Einsenkung hinter den Ohren und vor den seitwärts ausladenden Fortsätzen des Atlas, also des ersten Halswirbels. Ganz selten führt diese Lage zu Druckbeschwerden. Deshalb werden immer mal wieder Reithalfter angeboten, die durch breitere Auflagen den Druck vermindern und anders verteilen. Manchmal haben sie den Nachteil, dass sie leichter nach vorn über die Ohren abstreifbar sind, etwa bei einem Sturz.

Diese einfache Aufhängung kann man durch einen **Nasenriemen (Abb. 63)** ergänzen, der das Pferd daran hindert, das Maul aufzusperren, und im Falle eines Sturzes den Unterkiefer sichert durch Ableitung von nicht gewollter Zügelkraft vom Unter- auf den Oberkiefer. Man kann ihn oberhalb des Gebisses anbringen („englische" Verschnallung) oder unterhalb des Gebisses, dem er dann natürlich sehr nahekommt („Hannoversche" Verschnallung). Nach Auskunft von Martin Plewa* sorgt er in dieser Lage für eine ruhigere Lage des Gebisses im Pferdemaul.

Als Regel für die Länge des Nasenriemens gilt, dass zwei Finger zwischen Nasenrücken und Nasenriemen Platz finden müssen, das Pferd soll ohne Schwierigkeiten ein Stück Zucker aufnehmen können (Podhajski 1968). Leider wird schon an dieser Stelle übermäßig **viel falsch** gemacht. Es beginnt mit der zur Zeit geradezu als Standard angesehenen Einführung eines zweiten Nasenriemens, des fälschlich so genannten Pullerriemens. Der ist ganz und gar überflüssig (siehe Krischke 2015). Auch Kienapfel & Preuschoft haben 2010 gezeigt, dass nur und ausschließlich der jeweils enger geschnallte Riemen den Unter- und Oberkiefer zusammenhält.

Ebenso absurd ist das weit verbreitete feste Zuziehen des Nasenriemens. Es wird durch den Flaschenzug-Effekt des so genannten „schwedischen" Nasenriemens noch forciert. Niemand konnte mir bisher einen vernünftigen Grund nennen, warum das gut sein soll. Zu den weit verbreiteten Fehlern gehört auch, die Weite des Nasenriemens durch Einschieben der zwei Finger entlang des Unterkiefers zu prüfen und nicht am knöchernen Nasenrücken. Zwischen den beiden knöchernen Unterkieferästen liegt der muskuläre Mundboden,

* Reitmeister, ehemals leitender Bundestrainer der Vielseitigkeit im DOKR, später Leiter der Westfälischen Reit- und Fahrschule, unermüdlicher Verfechter der klassischen Reitlehre, tatkräftiger Unterstützer von Forschungsarbeiten.

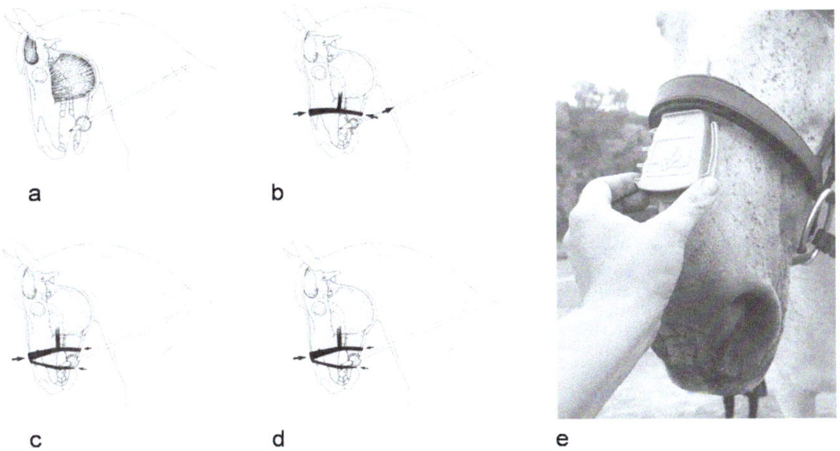

Abb. 65 a Ohne Nasenriemen muss die (allerdings sehr starke) Kaumuskulatur den Unterkiefer in seiner Stellung zum Oberkiefer halten. **b**, **c**, **d** Nasenriemen entlasten die Kaumuskeln. Einzig und allein der enger geschnallte von mehreren Nasenriemen entscheidet über die Enge der Verschnürung der Kiefer. Der locker verschnallte kommt gar nicht zur Wirkung. Sind beide gleich passend geschnallt, summiert sich der Zug beider Riemen auf dem Nasenrücken. **b** „Englisches" Reithalfter, **c** „Hannoversches" Reithalfter, **d** „Kombiniertes" Reithalfter (ergänzt nach Preuschoft et al. 1995). **e** Kunststoffnasenkeil zum objektiven Messen der Weite des Nasenriemens (zu beziehen von ISES – International Society for Equitation Science).

der natürlich weich nachgibt und beliebig viele Finger aufnimmt. Zu einem sehr guten Ergebnis führt hingegen das Einschieben von zwei Fingern auf dem knöchernen Nasenrücken. Um einen reproduzierbaren Abstand auszumessen, haben Kienapfel & Preuschoft 2010 einen Kunststoffkeil entwickelt, der auf dem Nasenrücken unter den Nasenriemen geschoben (**Abb. 63 e**) ein objektives Maß für die Weite des Nasenriemens gibt. Er ist m. E. eine wertvolle Ergänzung für jeden Reiter.

Die **Mundstücke** waren offenbar zuerst aus vergänglichem Material geformt und sind nicht erhalten. Mit dem Aufkommen der Metallbearbeitung tauchen dann einfache, stabförmige Gebisse aus Bronze auf, später gebrochene Gebisse aus Eisen, eben echte Trensen. Die gelten heute als „schonende" oder „weiche" Standardzäumung. Zu jedem Gebiss, besonders zu einfachen Stangen, gehören Teile an der Seite der Wangen, die verhindern, dass das

Gebiss allzu weit zur Seite hin aus dem Maul gezogen wird. Diese Sicherung kann durch Platten erfolgen, durch Stäbe, die in einem Winkel zur Mundspalte stehen (Knebel oder Psalien), oder durch große Trensenringe. Mit oft wunderbaren Tiergestalten verzierte Platten kennt man von den „Luristan-Bronzen" aus der Zeit der Streitwagen im Westen Persiens, Psalien aus Horn oder Holz aus vielen Pferdebestattungen des skythischen Kulturkreises. Knebeltrensen waren in der früheren Militärreiterei weithin üblich und sind noch in Gebrauch etwa in der Spanischen Reitschule zu Wien. Ich habe den Eindruck, dass sie heute wieder öfter benutzt werden. Schließlich sind sehr große Trensenringe, die ebenfalls das Durchziehen der Trense nach einer Seite verhindern, im Rennbetrieb allgemein üblich. Gebisse mit einem Gelenk in der Mitte (= einfach gebrochen) haben sich seit dem Altertum weit verbreitet. In neuester Zeit kommen noch solche mit zwei Gelenken (= doppelt gebrochen) oft in Gebrauch, wobei das Mittelstück flach sein kann. Natürlich stellt sich die Frage, wie das Pferd die Teile des Gebisses im Maul hält und damit auch die Frage, wie solch ein Gebiss wirkt.

Zur Wirkung des geteilten Trensenmundstücks gibt es zweierlei Befunde: Der ältere ist in **Abb. 64 a, b, c** dargestellt. Die beiden Schenkel können sich seitwärts der Zunge auf die Laden stützen. Diese können sehr schmal sein, so dass hohe Auflagekräfte zustande kommen. Um diesen Drehpunkt sucht die Zügelkraft nach vorn-außen zu drehen, aber das Trensengelenk verhindert eine Bewegung, denn es übt einen Zug nach innen aus. Die Laden werden dann durch schräg nach innen-hinten wirkende Kräfte zusammengedrückt. Diese Kräfte liegen beim Anderthalbfachen der Zügelkräfte (Preuschoft 1990 a). Diese Wirkung hat man als „**Nussknackereffekt**" bezeichnet. Je länger der Abschnitt des Schenkels von der Auflage auf den Laden zum Trensenring ist, umso größer ist sein Hebelarm, je kürzer der Abschnitt zum Gelenk in der Mitte, umso kleiner der Hebelarm. Das bedeutet zweierlei: Mundstücke, die zu groß sind für das jeweilige Pferdemaul, wirken schärfer, ebenso doppelt gebrochene Mundstücke, die immer einen kurzen inneren Hebelarm haben. Auch die als „weich" angesehenen Trensen sind also Kraftverstärker.

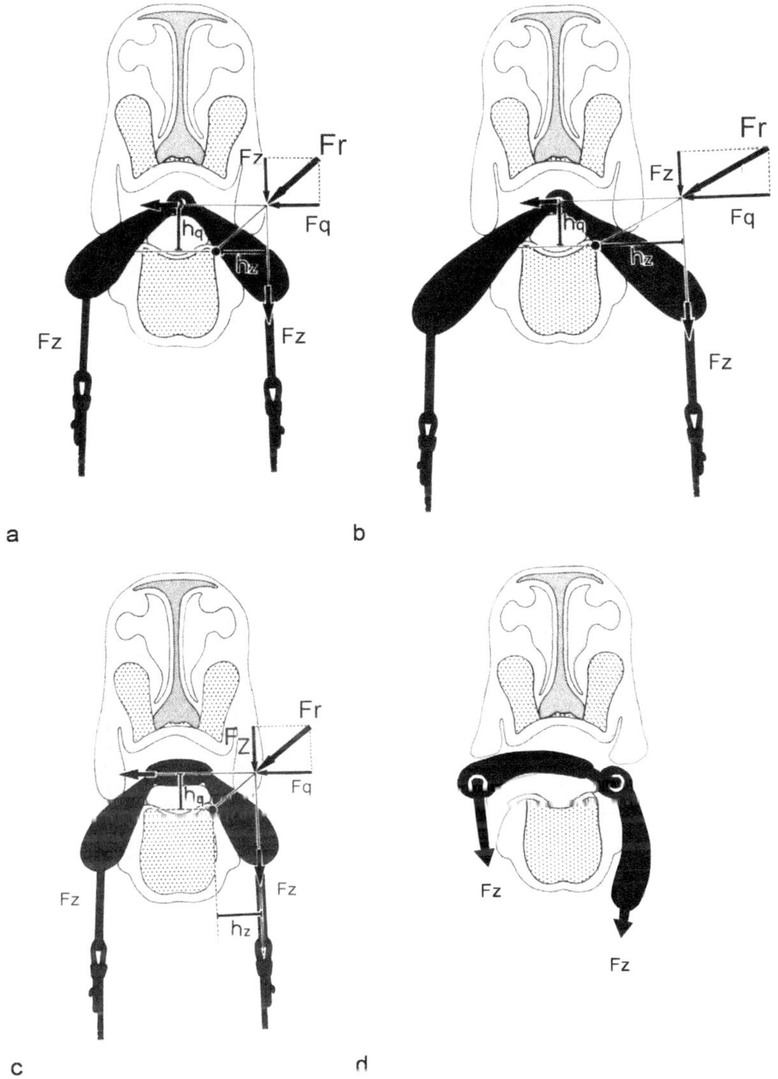

Abb. 66 Trense im Maul: **a** Bei hoher Zügelkraft muss die Zunge ausweichen, bis die Gebisshälften auf den „Laden“ aufliegen und den so genannten „Nussknackereffekt“ hervorrufen. Nach Preuschoft et al. 1999. **b** Bei einem zu großen Mundstück haben die unnötig langen Schenkel unnötig lange Hebelarme, die besonders starke Nussknackerwirkung entfalten. **c** Bei doppelt gebrochenem Mundstück fallen die Hebelarme der quer gerichteten Kraft klein aus, die Momente sind deshalb größer als bei einfach gebrochener Trense (Preuschoft 1990 a). **d** Situation beim stehenden Pferd nach Uhlig 2009. Einer der Trensenschenkel wird auf der verformbaren Zunge aufgelegt, der andere stellt sich in Richtung der Zügel ein.

Erst in neuerer Zeit haben Witzmann und Mitarbeiter (2010), besonders Uhlig (2004), dann auch Gandowski (2016) für die Kandare sich der Mühe unterzogen, die Lage von Gebissen im Maul von Pferden zu überprüfen. Sie haben dem Pferd Kontrastmittel gegeben und danach dessen Verteilung in der Mundhöhle anhand von Röntgenaufnahmen kontrolliert. Die Ergebnisse wichen von dem o. g. Schema ab (**Abb. 64 d**): 1. Die Pferde trugen das Mundstück auf der **Zunge**, nicht auf den Laden. 2. Alle untersuchten Pferde legten den einen Schenkel des Mundstückes quer auf die Zunge, so dass das Gelenk zusammen mit dem anderen Schenkel in Richtung der Zügel stand.

Eine Erklärung für den Unterschied könnte darin bestehen, dass Preuschoft (1999) in seiner Analyse sehr harte Einwirkungen mit hohen Zügelkräften im Blick hatte, welche von der Zunge nicht ertragen werden können, die deshalb nachgibt und schmal gefaltet wird. Uhlig 2009 sowie Gandowski 2016 (s. auch Kandare, unten) hingegen haben Pferde im Stehen untersucht, deren Reiter oder Fahrer nur die ganz geringen Kräfte von maximal 20 N aufgewendet haben, welche die FN postuliert – aber nie prüft. Diesen geringen Kräften kann die Zunge jedenfalls Widerstand entgegensetzen.

Ganz allgemein wird der **Kandare** eine schärfere Wirkung als der Trense zugeschrieben. Ihr Charakteristikum sind die Bäume, der lange Unter- und der kürzere Oberbaum, die mit dem zumeist stangenförmigen Mundstück torsionsfest verbunden sind, und die Kinnkette oder der Kinnriemen, die außen um den Unterkiefer herumgeführt werden (**Abb. 65**). Das Längenverhältnis von Ober- zu Unterbaum liegt heute meist bei 1:1,5 oder 1:2. Jedes Annehmen der Zügel führt zu einer Drehung um das Mundstück. Das Vorwärts-Kippen der Oberbäume spannt die Kinnkette an, die dann, zusammen mit dem Mundstück den Unterkiefer fest umschließt. Ob man eine breite Kinnkette verwendet, wie es hier üblich ist, oder einen Kinnriemen, wie ihn viele Westernreiter bevorzugen, ist ohne Belang. Der Druck, den das Mundstück ausübt, ist bei einem Längenverhältnis der Bäume von 1:2 viermal so hoch wie die Zügelkraft (Preuschoft 1990 a). Bei einem gebrochenen Mundstück addiert sich die „Nussknackerwirkung" der Trense zu der Kandarenwirkung, es wirkt also noch stärker. Der hohe Wert ist wohl der Grund, warum die Kandarenzäumung so misstrauisch angesehen wird. Ja, man kann dem Pferd damit wehtun! Und leider wird das auch oft so gemacht.

Das muss aber nicht sein. Zunächst einmal: Kandarenzügel gehören grundsätzlich in eine Hand, und zwar in die schwächere, zumeist die linke. Dann: bei der hierzulande üblichen kombinierten Zäumung mit Unterlegtrense und Kandare soll die Trense um den Faktor 3 mehr eingesetzt werden als die Kandare, deren Zügel ruhig auch mal in einem flachen Bogen herabhängen dürfen. Letztlich: Kandaren sollten wirklich nur Reiter einsetzen, die absolut unabhängig vom Zügel sitzen können. Schließlich und endlich ist jede Zügelführung nur so scharf wir die Hand des Reiters, und Reiten allein mit Kandare wie bei Barock-, Camargue- oder Westernreitern verlangt ganz dringend eine wirklich weiche Zügelhand, die eben auch öfter mal das Durchhängen der Zügel zulässt. Ein Punkt wird häufig übersehen: Lange Unterbäume liefern in der Tat lange Hebelarme für die Zügelkraft. Aber das bedeutet nicht nur höhere Gebisskraft, sondern eben auch eine gewisse Toleranz gegen unbeabsichtigte Handbewegungen des Reiters (Preuschoft et al. 1999). Der kann seine Zügelhand weiter zurücknehmen als bei kurzen Bäumen, bevor er die Drehung des Mundstückes erreicht hat, die das Pferd wahrnimmt. Große Länge der Oberbäume lässt das Gebiss mehr zu den Mundwinkeln hin ansteigen und verleiht der Kinnkette einen längeren Hebelarm, damit ein größeres Moment.

Beim Anzug der Zügel schwenkt der Oberbaum nach vorne und verkürzt so das Backen- und Nackenstück. Gleichzeitig spannt sich die Kinnkette an und umschließt mit dem Gebiss zusammen den Unterkiefer. Die bekannte Hebelwirkung der Bäume führt auch dazu, dass lange Bäume die Kinnkette erst nach einem größeren Winkelausschlag anspannen als kurze Bäume, die deshalb „schneller" zur Wirkung kommen, während lange Bäume „langsamer" sind.

Das Pferd spürt die nach unten-hinten wirkende Drehwirkung und neigt an der Kandare mehr zum Beizäumen als an der Trense. Das Mundstück kann aus einer geraden Stange bestehen, aber auch gebrochen sein, wie bei

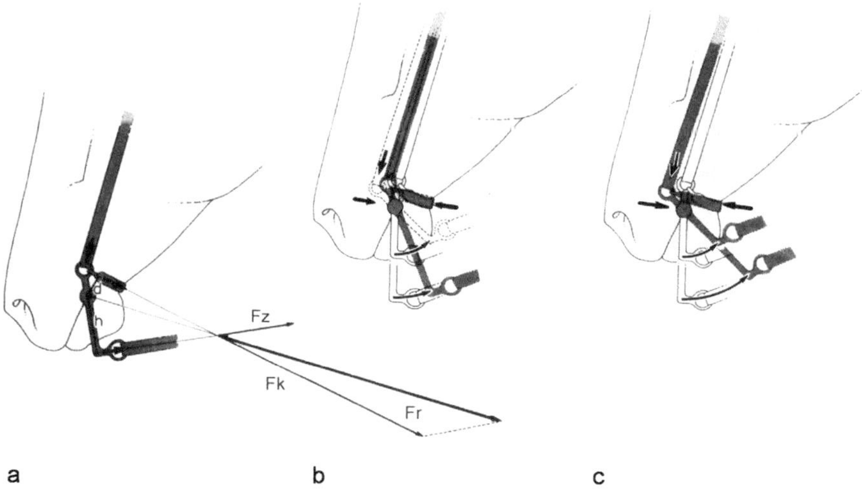

Abb. 67 a Kandare in Seitenansicht mit Parallelogramm der Kräfte b und c Auswirkung besonders langer Bäume: **b** Ein geringes Anziehen führt zu kleineren Gebisskräften („langsame" Wirkung), **c** erst ein weiteres Anziehen der Zügel führt zu der gleichen Wirkung, die kurze Bäume schneller herbeiführen. Nach Preuschoft 1990 b.

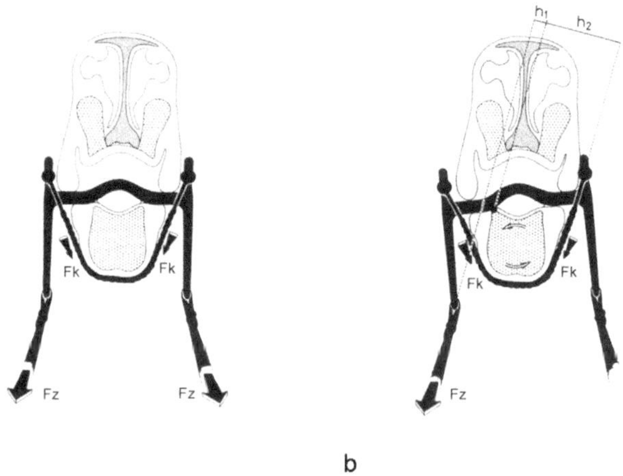

Abb. 68 Schnittbilder in Höhe des Kandaren-Mundstückes. **a** Der gleichmäßige Zug (Fz) an beiden Zügeln kippt den Oberbaum nach vorne und spannt so die Kinnkette (Fk) an, die den Unterkiefer umfasst. **b** Einseitiger Zug an nur einem Zügel führt zu einem Verkanten der Kandare und damit zu langen Hebelarmen (h) für nicht kontrollierte Kraftkomponenten. Nach Preuschoft 1990 b.

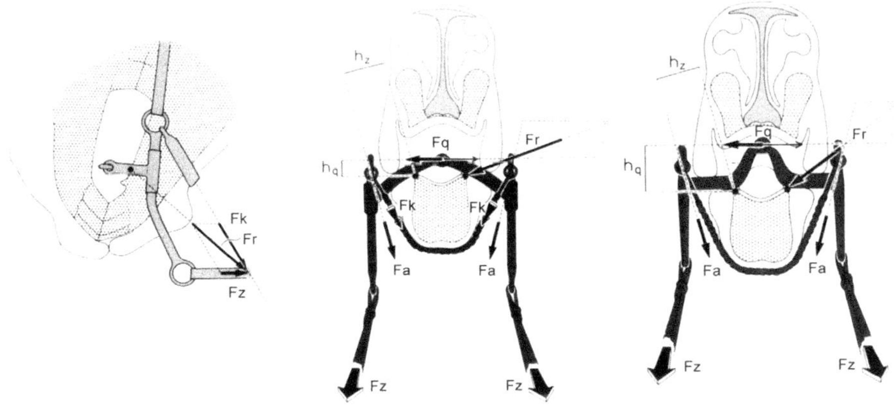

Abb. 69 Western-Kandare mit gebrochenem Mundstück, sog. „Snaffle with shanks". Der Name ist irreführend. Es handelt sich hier um eine der vielen, auch in Europa durchaus gebräuchlichen Varianten der Kandaren-Mundstücke. Zu der Kraftverstärkung der Kandarenbäume kommt noch die „Nussknackerwirkung" des gebrochenen Mundstückes wie bei einer Trense (Preuschoft 1990 d).

der Abbildung in Guérinières Buch (1733) und wie bei „Snaffle with shanks" der Western-Reiter (Holm 2008). Das Mundstück kann auch eine Wölbung in der Mitte aufweisen, die sog. Zungenfreiheit. Das Wort klingt freundlich, die eingebaute Schikane besteht darin, dass beim Anziehen der Bäume der Gaumen gequetscht werden kann. Je größer die Zungenfreiheit, umso härter der Druck gegen den Gaumen. Es können auch flache, ziemlich lange Elemente in der Mitte angebracht werden, wie bei den so genannten Spatenkandaren, die sehr feine Einwirkungen zulassen (Krischke 2015). All diese Vorrichtungen können, etwa beim Annehmen der Zügel, gegen den Gaumen drücken oder schlecht zwischen die Zahnreihen des Pferdes passen. Deshalb muss jeder, der sie verwendet, sorgfältig prüfen, was seinem Pferd die geringsten Beschwerden macht.

Interessant ist, dass sich bei Fahrgebissen die Kandaren völlig gegenüber den Trensen der früheren Zugpferde (die bis in die 60er Jahre üblich waren) durchgesetzt haben. Eine typische **Fahrkandare** hat ein wenig gewölbtes Stangenmundstück ohne Zungenfreiheit und zwei oder drei Möglichkeiten

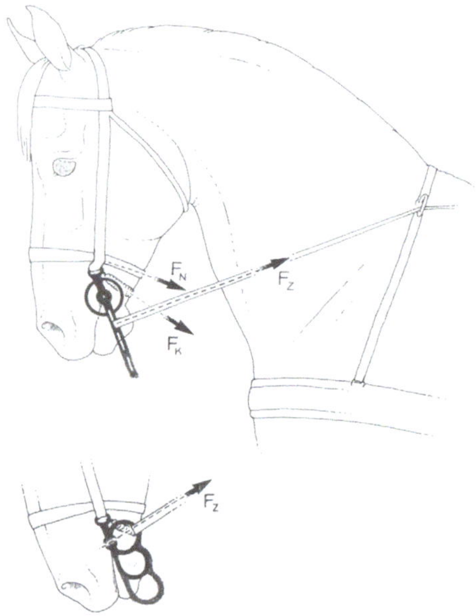

a

b

Abb. 70 Fahrkandaren: Oben Liverpool- und unten Postkandare haben die gleiche kraftverstärkende Wirkung wie Reitkandaren. Als Mundstück haben sie in der Regel eine Stange ohne Zungenfreiheit, die auch leicht gebogen sein kann **a**. Ein Verkanten **b** wird hingenommen. Gleich ob Liverpool- oder Postkandare bieten sie die Möglichkeit, die Länge der Bäume durch entsprechendes Verschnallen zu ändern, was bei Reitkandaren nicht möglich ist. Sie können wie einfache Stangentrensen wirken, wenn die Zügel in Höhe des Mundstückes liegen (unten abgebildet). Anstelle einer Kinnkette werden sie oft in den Nasenriemen eingehakt, die Kraft auf beiden Strukturen verteilt sich dann je nach der Vorspannung.

für das Einschnallen der Fahrleinen (**Abb. 68 b**, **c**) am Unterbaum. Das erlaubt eine Verschärfung oder Verminderung der Zügelkraft. Bei Fahrkandaren mit einer Riefelung sollte man mit dem Einsatz solcher kraftverstärkenden Hebel zurückhaltend sein.

9.4 Zügel

Jede Art von Zäumung wird über **Zügel** gesteuert, und die haben bei bilateralen Lebewesen wie Menschen und Pferden am meisten Sinn, wenn sie an beiden Seiten des Zaums oder des Mundstücks befestigt und an beiden Seiten des Halses geführt werden. Die hohe Aufmerksamkeit, die man den Einwirkungen mit den Zügeln zumisst, hat zweifellos entscheidend damit zu tun, dass wir Menschen eben als Primaten mit Greifhänden ausgestattet sind und dass unsere Hände als Greiforgane spezialisiert und zur Fortbewegung zu schwach sind. In der Funktion des Greifens sind uns die Hände überaus wichtig. Das

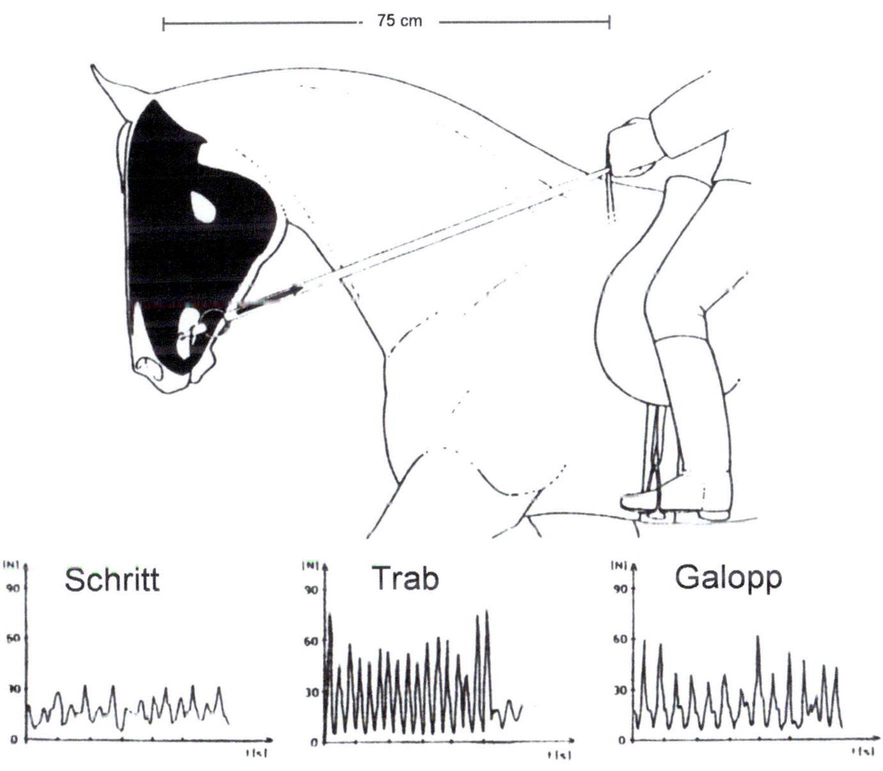

Abb. 71 Gemessene Zügelkräfte in Newton [N] bei anstehenden Trensenzügeln und deren typische Schwankungen in den Gangarten (nach Preuschoft 1990).

schlägt sich sogar in der Sprache nieder: Wir reden ganz selbstverständlich vom „Begreifen" eines komplizierten Sachverhalts, wir „ergreifen" eine Gelegenheit, wir „erfassen" Zusammenhänge und wir „greifen" nach Halt oder der Macht (Christel 2023).

Eine physikalische Tatsache ist, dass man mit Zügeln oder einer Mekate kaum etwas anderes als **Zug** ausüben kann. Die Zugkräfte liegen bei anstehendem Trensenzügel in einer Größenordnung von 30 N beim Schritt und 50–60 N bei Trab und Galopp. Das entspricht 3–6 kg (**Abb. 71**).

Immer wieder wird die Weichheit der Zügelführung beschworen, und deren Gleichmäßigkeit. Jeder hat schon mal von „weicher, stetiger Zügelführung" oder vom „seidenen Faden" gehört oder gelesen. Der oft gebrauchte Begriff der „Anlehnung" suggeriert auch Gleichmäßigkeit. Dem steht entgegen, dass die Zügelkräfte durchaus nicht gleichmäßig sind, sondern mit der jeweils gewählten Gangart (**Abb. 71**) schwanken. Natürlich stellt sich hier die Frage, ob die Schwankungen vom Reiter kommen oder ob das Pferd sie verursacht. Eine Antwort auf diese Frage haben wir bei Messungen der Zügelkräfte von Kutschpferden gefunden. Die Fahrer sitzen ja auf dem Bock; wenn trotzdem regelmäßige Schwankungen auftreten, stammen sie von den Pferden. Tatsächlich lieferten diese Zügelmessungen beim Fahren genau die gleichen, für jede Gangart spezifischen Muster wie beim Reiten. Daraus ist zwingend zu schließen, dass sie vom Pferd verursacht sind, nicht vom Menschen.

Höhere Zugkräfte 50–100 N und nicht so selten 150 N haben Messungen bei durchaus erfolgreichen Turnierreitern ergeben. Das entspricht einem Gewicht von 5–15 kg auf jedem Zügel. Ich hatte einmal die Gelegenheit, ein falsch ausgebildetes Turnierpferd zu reiten. Das war so anstrengend, dass ich nach kurzer Zeit wieder abgesessen bin. Für den Freizeitreiter – eigentlich jeden Reiter – sollten diese Belastungswerte auf keinen Fall so hoch sein. Ab 50 N bzw. 5 kg beginnen beim Pferd spätestens die Schmerzen, weil das Gebiss mit den eingeleiteten Kräften auf den Weichteilen im Maul liegt.

Es geht aber auch besser: Werte von 20 Newton beobachtet man bei wirklich sehr fein reagierenden Pferden. Diese Pferde waren zumeist in der spanischen, der altkalifornischen (Claus Penquitt 2001) oder in der Camargue-Reitweise (Jean Pierre Godest, Horb-Nordstetten) ausgebildet oder Schüler Egon von Neindorffs (Neindorff 2005). Auch bei meinen Besuchen der Spanischen Reitschule Wien hatte ich den Eindruck, dass die Lipizzaner ebenfalls auf feinste Zügelhilfen reagieren, die wir durch Messungen in privaten Ställen der Bereiter bestätigt fanden. Meine Gelegenheit, ein solches Pferd reiten zu dürfen, habe ich nie mehr vergessen.

Auch mein eigenes Pferd Patrik hat bei Messungen so geringe Zügelkräfte ergeben, dass wir glaubten, dass er „hinter dem Zügel" ging, obgleich er auf jede Handeinwirkung prompt reagierte.

Wenn man mit derart geringen Zügelkräften reitet, neigen die Zügel zum Durchhängen. Will man sie etwas gespannt und gerade gestreckt halten, im Interesse der immer wieder geforderten „Anlehnung", stellt sich die Frage, welche Kraft erforderlich ist, gegen das Gewicht der Zügel (**Abb. 71 a**) eine wirklich gerade Linie herbeizuführen. Das Problem der Seilspannung ist eine Standardaufgabe in der Ausbildung von Ingenieuren. Der Teil der Zügel zwischen Hand und Gebiss wiegt im untersuchten Fall 130 Gramm. Diese Gewichtskraft kann man sich vorstellen, als ob sie in der Mitte der Strecke konzentriert wäre, wo sie nach unten zieht und den Zügel zum Durchhängen bringt. Dann entspricht die Zügelkraft, die bei einem Zügelwinkel von 9° zwischen Hand und Gebiss zur Wirkung kommt, einem Wert von 415 g = 4 N. Die beinahe gerade Linie, die „Anlehnung" signalisiert, erreicht man erst beim Mehrfachen dieses Wertes: Bei einem Zügelwinkel von 1° wären 3,724 kg = 37 N notwendig.

Zügel hängt mit 9° durch:	**Zügelkraft [g] = ½ * 130 g / (cos 81°) = 415 g**
Zügel hängt mit 1° durch:	**Zügelkraft [g] = ½ * 130 g / (cos 89°) = 3724 g**

Selbstverständlich kann man mit den Zügeln auch von der Seite her gegen den seitwärts gewölbten Hals drücken (**Abb. 72 b**).

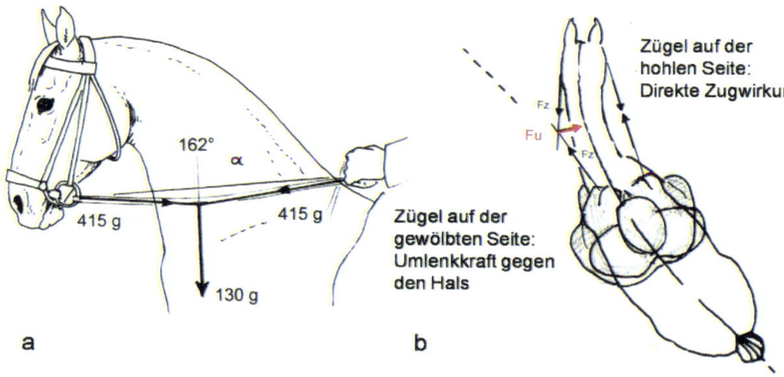

Abb. 72 a Einfluss des Zügelgewichts auf das „Durchhängen" bzw. die Zugkraft des Zügels unter seinem Eigengewicht. **b** Zügelwirkung gegen die hohle (rechte) Seite des Halses und die Umlenkkraft gegen die gewölbte (linke) Seite des Halses. Preuschoft 1993.

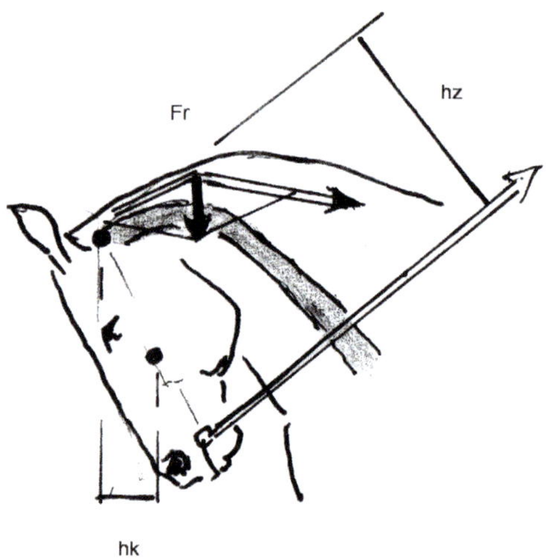

Abb. 73 Pferdekopf und Pferdehals in „Rollkur"-Haltung. Der Schwerpunkt des Kopfes befindet sich hinter dem Genick, das Kopfgewicht wirkt also im Sinne einer Öffnung des Gelenkes. Im gleichen Sinn wirkt der passive Zug des angespannten Nackenbandes. Die Zügel hingegen wirken über den Hebelarm hz im Sinne einer weiteren Flexion. In Höhe des 3. Halswirbels bildet sich bei einem überzäumten Pferd ein „Falscher Knick" aus. Die Richtungsänderung der Zugstrukturen im Pferdehals (Doppellinien) bringt eine Resultierende mit sich, die von oben her Druck auf die Halswirbelsäule (grau) ausübt.

Die Zügelwirkung nimmt dann eine andere Richtung ein und wirkt ergänzend zu einem sehr leicht erhöhten Zug auf der hohlen Seite. Die Größe dieser Resultierenden hängt auch wieder von der Zugkraft auf den Zügeln und von dem Winkel zwischen den beiden Abschnitten ab: Je enger der Winkel, umso größer wird die Kraft. Unter allen Umständen bleibt die Umlenkkraft klein im Vergleich zur Zugkraft, und sie verteilt sich über eine Strecke und nicht konzentriert an einem Punkt. Der Reiter kann den Umlenkungswinkel durch die Stellung seiner Hand nach links und rechts erheblich beeinflussen, ebenso wie die Richtung des Zuges, den er auf der hohlen Seite des Halses ausübt.

Eine **Hyperflexion** (LDR, low deep round, d. h. **Rollkur-Haltung**) des Halses ist leider immer noch allzu häufig zu sehen (**Abb. 73**). Sie ist nur möglich, wenn nicht nur die dorsalen Halsmuskeln den Kopf in seiner Lage halten, sondern das Pferd auch die Kopfbeuger einschaltet.

Steht der Pferdekopf deutlich hinter der Senkrechten, so versucht das Kopfgewicht, den Kopfschwerpunkt wieder unter dem Genick einzustellen, also das Gelenk zwischen Hinterhaupt und Atlas zu strecken. Sein Drehmoment ergibt sich aus Kopfgewicht mal Hebelarm, der diesmal in die Richtung nach hinten abgetragen werden muss und deshalb ein Minus-Zeichen bekommt. Das Moment des Kopfgewichts ändert sich, weil der Hebelarm des Kopfes bei dem hier dargestellten Pferd ansteigt (stärkere Hyperflexion bedeutet einen noch größeren Hebelarm). Diesem (negativen) Drehmoment müssen dann diejenigen Halsmuskeln entgegenwirken, die den Kopf im Genick gegen den Hals beugen (Fm) und den Hebelarm hm besitzen. Hierfür kommen in Betracht: die „unteren Zungenbeinmuskeln", der M. longus colli/capitis und der Teil des M. brachiocephalicus, der am Unterkiefer ansetzt. Bei einer Berechnung der Kräfte dieser **Beugemuskeln des Halses** kommt ein Wert von etwa 500 N heraus. Dieser Wert erscheint sehr hoch und führt zu der Vermutung, dass ein Pferd deshalb die Rollhaltung nicht von sich aus einnimmt.

Jetzt kommt der **Einfluss des Reiters** ins Spiel, der anstelle der flektierenden Muskeln die Zügel einsetzt, um den Kopfschwerpunkt hinter das Lot durch den Drehpunkt zu **ziehen** (**Abb. 73**). Auch für diese hyperflektierte Stellung kann man die notwendige Zügelkraft errechnen, mit der allein der Kopf in dieser Position gehalten werden könnte. Die Länge des Hebelarmes des Nackenbandes in Höhe des AO-Gelenks (Atlanto-Okzipital-Gelenk – Punkt hinter dem Ohr in Abb. 73) beträgt nach Kienapfel & Preuschoft 2011 bei einem normal großen Warmblut mit normal großem Kopf etwa 7,5 cm. Die Länge des Hebelarmes der nach hinten drehenden Zügelkraft beträgt jedoch 55 cm und ist damit sehr viel länger als derjenige des Muskels. Deshalb reichen viel geringere Kräfte zum Einstellen des Gleichgewichtes im Genick, wenn allein die Zügel den Kopf halten. Wenn der Kopf als Beispiel auf ca. 95° nach Gellman und Bertram (2002 a) gehalten wird, ergibt sich eine passive Kraft für das Nackenband von 713 N. Unter der Voraussetzung, dass allein die Zügelkraft das Gleichgewicht einstellt, muss der Reiter eine Kraft Fz aufbringen, die über einen Hebelarm von hz = 55cm wirkt. Die für die Flexion des Kopfes im Genick erforderliche flektierende Zügelkraft errechnet sich dann als:

Fz = (Fn * hn + Fk * hk) / hz
Fz = (300 N * 18 cm + 713 N * 7,5 cm) / 55 cm = 195,44 N

Diese Zugkraft von etwa 200 N liegt eben noch im Bereich der Kräfte (100–150 N, entsprechend 10–15 kg), die Reiter am Zügel aufwenden. Wird der Kopf höher gehalten, z. B. 70° nach Gellmann & Bertram (2002 a), so beträgt der Zug des Nackenbandes nur noch 255 N. In diesem Fall müssten durch die Reiterhand nur noch 100 N aufgebracht werden (das sind ca. 5 kg pro Zügel), um den Hals des Pferdes beizuzäumen, ohne dass das Pferd etwas dazu aktiv beiträgt oder gegenhält. Das Pferd kann zwar seine Kopfbeuger vollständig ausschalten, muss aber die angegebene Kraft trotzdem im Maul aushalten. Deshalb kann man aufbauend auf den obigen Berechnungen davon ausgehen, dass das Pferd seine beugende Muskulatur in einem gewissen Maße einsetzt. Es kommt auch darauf an, wie tief oder wie hoch der Hals gehalten wird. Je tiefer der Hals bei gleichbleibendem Genickwinkel genommen wird, desto stärker kommt die Nasenlinie hinter die Senkrechte. Deswegen ist es in der tiefen, gedehnten KHP (Kopf-Hals-Position) mit dem Maul deutlich unterhalb des Buggelenkes oft recht schwierig (das hat wohl jeder schon mal gefühlt), die Nasenlinie vor der Senkrechten zu halten und das Pferd zu veranlassen, den Genickwinkel zu öffnen. Das heißt natürlich auch, dass bei einem tiefen Hals eine Hyperflexion „leichter" herbeizuführen ist.

Nachteile der Rollkur entstehen in den extremen Positionen auch dadurch, dass alle Weichteile um Ohrspeicheldrüse, Rachen und Kehlkopf komprimiert werden. Das kann für das Pferd sehr unangenehm sein. Auch verursacht die hyperflektierte Stellung des Kopfes eine Umlenkung der oberen Halsmuskeln und des Nackenbandes in Höhe des 1. bis 3. Halswirbels. Das führt zu einer „Umlenkkraft" in Richtung der Winkelhalbierenden zwischen den Zugstrukturen proximal und distal des früher so genannten „falschen Knicks", die größer sein kann als die Zugkraft dieser Muskeln (**Abb. 73**). Sie presst die Zugstrukturen (Nackenband und Muskeln) gegen die oberen Halswirbel. Das Nackenband und die Nackenmuskeln üben damit eine Druckkraft auf die unter ihnen liegenden Halswirbel aus, die möglicherweise zu einer Gewebsschädigung („Nackenbeule", d. h. einem entzündeten Schleimbeutel) führt. Auch die Atmung wird beeinträchtigt (Tilley 2023).

Da die **Rollkur** nicht nur **erhebliche Schmerzen beim Pferd** verursachen kann und durchaus Folgeschäden nach sich ziehen kann, gehört sie *nicht* in das Repertoire des gefühlvollen Reiters. Der vermeintliche Erfolg, den das Pferd durch Ändern seiner Kopfstellung dem Reiter anbietet, ist auch nicht Teil einer gewissenhaften Ausbildung.

9.5 Hilfszügel

Wenn man von Hilfszügeln – besser „Hilfs"zügeln – spricht, sollte man sich immer vor Augen halten, dass diese zwar dem Menschen – zumeist dem Reiter –, aber nicht dem Pferd „helfen". Das Verständnis von Einwirkungen auf

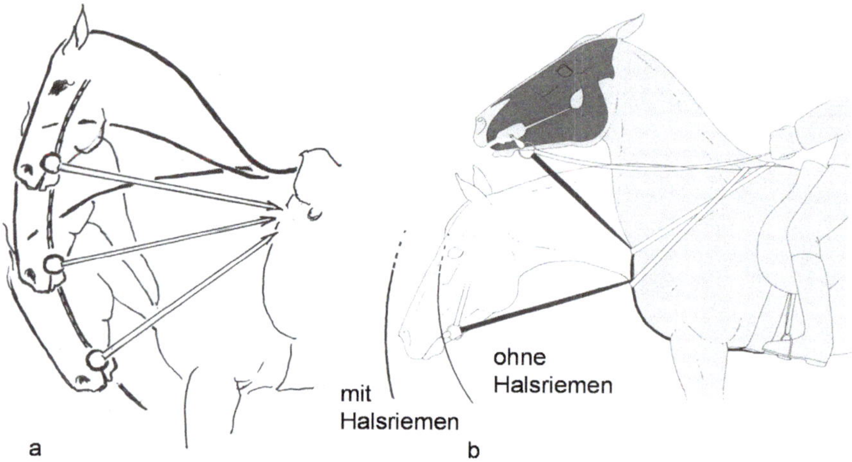

Abb.74 a Der Ausbindezügel fesselt den Kopf des Pferdes in festgelegter Entfernung von seiner Befestigung und erlaubt nur begrenzte Bewegungen. **b** „Stoßzügel", der ebenfalls eine Fesselung des Pferdes darstellt, auch wenn er durch einen Halsriemen am Ort gehalten wird.

das Pferd sollte die unkritische Anwendung von Fesselungen bei der Pferdeausbildung vermeiden.

Ausbinder (doppelseitig) und Stoßzügel (nur Mitte) „fesseln" den Kopf des Pferdes, indem sie die Bewegungen nach unten oder oben bzw. zu den Seiten hin einschränken und durch Einstellung der Riemen den Kopf in einer gewünschten Grundposition halten.

Der „**Ausbinder**" (**Abb. 74 a**) wird von beiden Seiten zwischen dem Gurt und Pferdekopf verschnallt. Er stellt eine nicht veränderliche **Fesselung** des Pferdes dar, die **riesig hohe Kräfte** entfalten kann, so hoch, dass die Riemen reißen. Das Gleiche gilt für den **Stoßzügel** in der **Abb. 73 b**, der mit einem zentralen Riemen auskommt – ohne Halsriemen vergleichbar mit dem Ausbinder. Mit Halsriemen gibt er dem Pferd etwas mehr Bewegungsfreiheit. Die am Gebiss entstehenden Kräfte bleiben hoch.

Sinnvoll kann das Ausbinden bei der Longenarbeit sein, trotzdem ist auch hier Vorsicht angezeigt. Nach Messungen zwischen Gebiss und Ausbindezügel durch Preuschoft, Falaturi & Lesch (1995) betragen die Kräfte auf jeder Seite

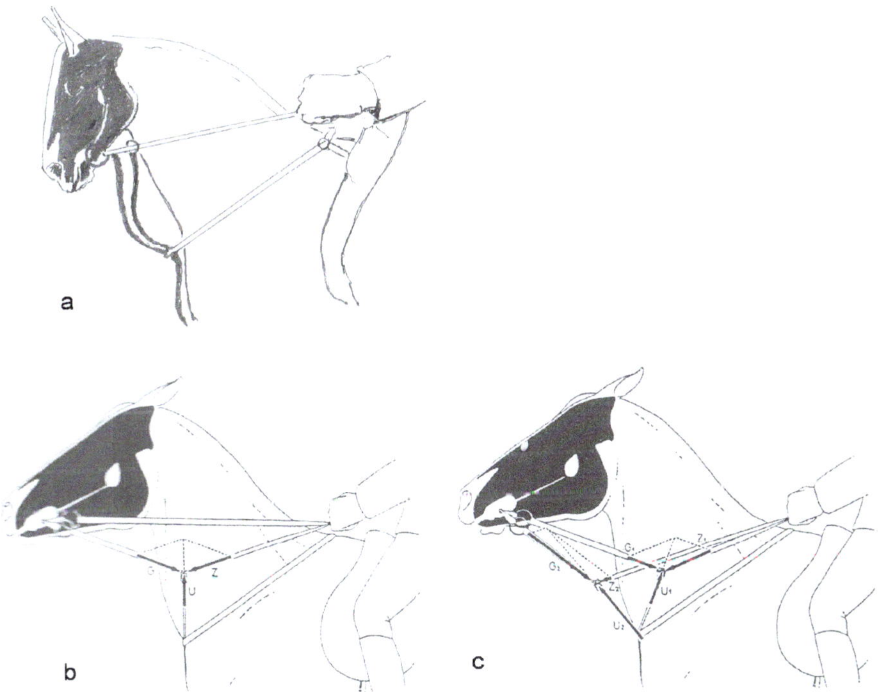

Abb. 75 a Das Martingal, sachgemäß lang verschnallt und **b** zu eng geschnallt, so dass es dem Pferd eine sehr tief stehende Zügelhand vortäuscht. In **c** sind zwei Möglichkeiten dargestellt: Einmal hängt der Ring des Martingals nahe an der Reiterhand, im zweiten Fall nahe am Gebissring. Die Wirkung ist in beiden Fällen die gleiche (b & c nach Preuschott 1995).

um die 20 N, entsprechend nur 2 kg. Das ist durchaus wenig im Vergleich zu den Zügelkräften, die bei Reitern gemessen worden sind. Man kann sich die geringen Werte dadurch erklären, dass die Pferde eben sehr schnell merkten, dass hier unüberwindliche Zugkräfte herrschen, mit denen das Pferd einfach nicht fertig werden kann und denen es sich deshalb am besten fügt.

Dreieckszügel und **Laufferzügel** (hier nicht abgebildet) verbinden ebenfalls den Gurt oder Sattel unveränderlich mit dem Gebiss, fesseln also den Pferdekopf. Ihre Zugkraft kann sehr hoch werden, weil aus den beiden Abschnitten eine Resultierende entsteht, die wie ein Flaschenzug beide Teilkräfte zu einer verbindet. Die Richtung dieser Resultierenden ist durch Winkelhalbierende der beiden Teilkräfte festgelegt, zeigt also weiter nach unten als ein einfacher Ausbinder.

Ein gängiger Bestandteil der Zäumung ist das **Martingal**, ein Riemen (**Abb. 75 a**), der zwischen den Vorderbeinen vom Gurt kommt, längs gespalten ist und durch dessen zwei Ringe die Zügel beider Seiten getrennt geführt werden. Es wird manchmal am Vorderzeug befestigt, dessen eigentliche Aufgabe im Halten des Sattels besteht. Gleich wie befestigt, das Martingal stellt, wenn es in Ruhestellung im Bogen herabhängt, eine harmlose Sicherung dar gegen das Hochreißen des Pferdekopfes. Leider kann man es aber auch so kurz schnallen, dass es die angenommenen Zügel nach unten lenkt und so dem Pferd die Illusion über eine ganz tief stehende Zügelhand gibt. In den meisten Fällen wird das Pferd darauf mit der erwünschten Beizäumung reagieren. Auch ohne das Pferd zu fesseln, betrügt man das Pferd und sich selbst über die Richtung der Zügelkraft.

Ebenfalls häufig benutzt ist der **Schlaufzügel** (**Abb. 76**). Er wird vom Gurt aus durch die Trensenringe gezogen und zur Hand geführt. Man sollte ich nichts vormachen: Es handelt sich um einen Flaschenzug. Am Mundstück kommt immer die Resultierende aus der Zugkraft zwischen Hand und Gebiss und zwischen Gebiss und Gurt zur Wirkung. Diese beiden Kräfte sind gleich groß, und der Reiter bestimmt sie. Hierbei ist völlig ohne Belang, ob die Befestigung am Gurt hoch, am oder unterhalb des Sattels, tiefer am Gurt oder ganz tief zwischen den Vorderbeinen am Gurt erfolgt. Der einzige Effekt, den die unterschiedliche Befestigung hat, besteht in der Richtung der Resultierenden: Sie zeigt entweder zu einer Stelle unterhalb der Sattelblätter oder zu einem Punkt in Höhe des Pferde-Unterarms. Die Richtung der Resultierenden ist in allen Fällen tiefer als die direkte Zügelwirkung. Zusammen mit der hohen Kraft am Gebiss führt das zu einer Rundung des Halses, also der gewünschten Beizäumung, die aber erzwungen ist. Sie führt mit allem Nachdruck zur Hyperflexion und Rollkurhaltung.

Auch Schlaufzügel bedeuten eine deutliche Anwendung von Gewalt, auch wenn sie durch den Reiter gelöst werden können. Sie stellen dann keine kon-

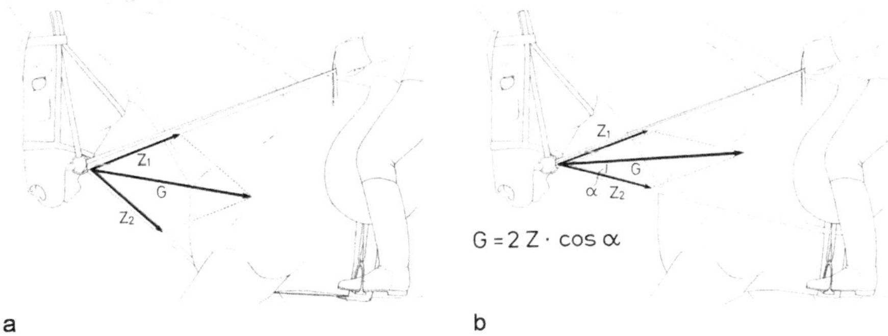

Abb. 76 a Schlaufzügel zwischen den Vorderbeinen, **b** Schlaufzügel unterhalb des Sattelblattes. Am Gebiss kommt in beiden Fällen eine Resultierende F zur Wirkung, wie bei einem Flaschenzug (Preuschoft 1995).

stante Fesselung dar. Dies darf aber nicht darüber hinwegtäuschen, dass sie durch falsche oder allzu deutliche Anwendung kritisch auf das Gebiss wirken.

Eine Variante ist die **„Springkombination"** aus Vorderzeug und Schlaufzügel. Es handelt sich um einen Schlaufzügel, der nicht direkt am Gurt, sondern am Vorderzeug befestigt ist und nach Passieren der Trensenringe in Ringe eingehakt wird, die am Trensenzügel aufgenäht sind. Ebenso wie der o. g. einfache Schlaufzügel lässt er sich im Prinzip auch lösen. Dann gibt man allerdings auch die Verbindung zwischen Zügel und Pferdemaul insgesamt auf. Solange die erhalten bleibt, ist die einmal gewählte Enge der Schlaufzügel nicht mehr zu beeinflussen.

Unter dem Namen **„Halsverlängerer"** (**Abb. 77**) versteht man ein elastisches Seil, das ebenfalls eine unbeeinflussbare, wenn auch dehnbare **Fesselung** darstellt. Es verläuft vom Gurt durch den Trensenring, entlang des Backenstücks zum Genick und dann wieder zum Trensenring und zum Gurt der anderen Seite. Die Länge des Systems lässt sich durch einen Knoten am Genick einstellen. Wegen seiner Elastizität übt das Seil bereits bei idealer Beizäumung (**a**) eine resultierende Kraft nach hinten-oben aus, neben und zusätzlich zur Zügelkraft. Diese Kraft wird höher, wenn der Hals vorwärts-abwärts gestreckt wird (**b** und **c**). Diese Wirkung ist das genaue Gegenteil dessen, was der Name

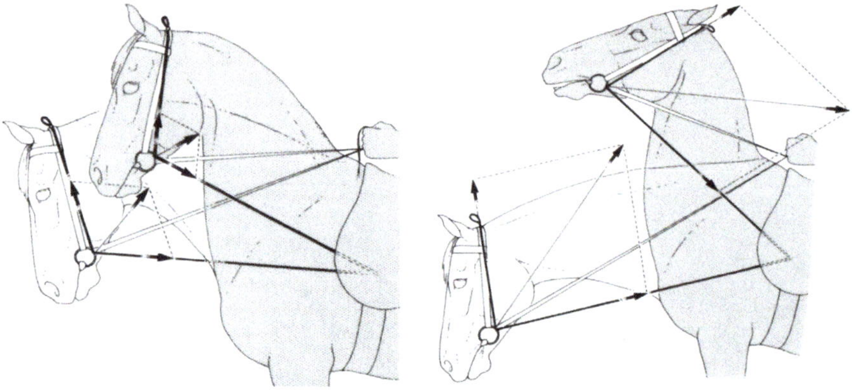

Abb. 77 Ein „Halsverlängerer" bewirkt das Gegensteil dessen, was er verspricht. Er zieht das Gebiss und den Kopf immer nach hinten-oben.

verspricht. Auch wenn das Pferd den Kopf hebt, wird die Resultierende sehr groß (**d**), aber immer verläuft sie, nicht weiter kontrolliert, nach hinten-oben.

Ganz ähnlich wirkt das „**Chambon**". Es besteht ebenfalls aus Gummischnüren, die aber vom Sattelblatt oder vom Gurt aus zum Nackenstück verlaufen, wo sie umgelenkt und parallel zum Backenstück schließlich im Trensenring eingehakt werden. Um dem andauernden elastischen Zug zu entgehen, halten viele Pferde, besonders an der Longe, den Kopf tief. Das mag als „Dehnungshaltung" unter Anerkennung einer vom Pferd bevorzugten Vorwärts-abwärts-Kopfposition erstrebt sein, bringt aber unweigerlich, aus mechanischen Gründen mehr Gewicht auf die Vorhand. Dies ist wird unter Reitern in der Regel abgelehnt. Ich kenne dazu keine wissenschaftlichen Arbeiten und schließe mich dieser Meinung gern an.

Eine Kombination aus „Halsverlängerer" und „Chambon" ist das „**Gogue**", sowohl was die Anordnung der Schnüre als auch die Wirkung anlangt.

Der **„Kombi-Trainer"** oder **„Hinterhand-Aktivator"** besteht aus einem langen Zügel, der um die Hinterhand des Pferdes herum zum Trensenring auf der anderen Seite geführt wird. An beiden Stellen kann er nicht nur direkt am Trensenring eingeschnallt sein, sondern wie ein Schlaufzügel durch den Trensenring zurück zum Gurt geführt werden. Das System wird natürlich angespannt, wenn das jeweilige Standhinterbein nach hinten ausgelenkt ist, also in der zweiten Hälfte der Standphase. Die gesamte Masse des Pferdes (um 500–600 kg) zieht dann mit einer Geschwindigkeit von 3–5 m/s (im Trab) nach vorne und erzeugt einen sehr hohen, rhythmisch einwirkenden Zug am Zügel und damit auf das Gebiss. Eingeschaltete Federn oder Fellumwicklungen an der Hinterhand ändern an der Wirkung gar nichts. Auch hier handelt es sich um eine starre **Fesselung**.

Die allgemein bekannte **Longe** dient in erster Linie dem Beginn der Ausbildung eines Pferdes. Sie wird aber oft auch angewendet, damit sich ein Pferd vor der richtigen Arbeit erst einmal austoben kann, ohne den Reiter zu gefährden. Naja, wenn das Pferd halbwegs artgerecht gehalten wird, mit hinreichend Auslauf und Gesellschaft von seinesgleichen, dann leidet es überhaupt nicht an einem Mangel an Bewegung, der erst mal aufgefüllt werden muss. Als Mittel für eine Einflussnahme auf das Pferd bleibt neben dem Antrieb mit der langen Longierpeitsche und der Stimme eigentlich nur das Ausbinden – und meine Bedenken gegen diese Art von Fesselung habe ich oben schon genannt. In der Spanischen Reitschule Wien wurden nicht die Pferde als Hauptpersonen longiert, sondern Reitschüler wurden für längere Zeit auf ein Pferd an der Longe gesetzt, um ihren Sitz zu schulen. Sie bekamen keine Zügel in die Hand und sollten sich ganz und gar auf die Bewegungen ihres Pferdes konzentrieren. Diesem Vorgehen schließe ich mich gern an.

9.6 Zugriff über die Hautsensibilität

Neben dem Zugriff auf den Kopf (vgl. Kapitel 9.1) machen sich Menschen auch die feine Sensibilität der Haut von Pferden zunutze. Das geschieht schon bei der delikatesten aller Einwirkungen mit dem Gewicht des Reiters. Kontrolliert und in Maßen angewendet, stellen schon minimale Abweichungen von der einfachsten Richtung der Gewichtskraft die besten aller **Einwirkungen** dar. Es gehört zu den Wundern der Natur, dass ein Pferd diese mit manchmal unglaublicher Feinfühligkeit nicht nur wahrnimmt, sondern auch befolgt. Manchmal hat man der Eindruck, als ob das Pferd gar nicht anders kann, als einer Einwirkung zu folgen. Unsere Pferde reagieren als soziale Lebewesen von Hause aus ungemein sensibel und sind für die Feinheiten des Verhaltens von anderen empfänglich. Sie besitzen ein recht großes Gehirn, das offenbar Kapazitäten hat, die solche Eindrücke verarbeiten. Der Mensch gehört ja zu den „höheren" Primaten, die ebenfalls ein sehr großes Gehirn besitzen. Man hat schon darüber spekuliert, ob das große Gehirn der Primaten zunächst entstanden sei, um ein höchst differenziertes Sozialleben zu ermöglichen. Das Gleiche würde für Pferde gelten.

9.7 Schenkel und Sporen

Neben den Einwirkungen mit dem Gewicht setzt ein Reiter auch seine **Schenkel** ein. Je nachdem, ob der Schenkel dicht hinter dem Gurt angelegt wird oder etwa eine Handbreit dahinter, lässt sich das Pferd vorwärts treiben oder die Hinterhand seitwärts verschieben, weil das Pferd dem Schenkeldruck ausweicht. Einseitig eingesetzt lässt sich eine Wendung herbeiführen, oder ein Ausweichen der Hinterhand. Beidseitig, aber an verschiedenen Stellen des Rumpfes eingesetzt, führt Schenkeldruck zu einer Biegung, an den gleichen Stellen eingesetzt zu einer Beschleunigung nach vorn. Die Schenkel haben eine sehr lange Kontaktfläche am Pferdebauch, und die ist oft noch durch Sattelblätter, Hosen oder Stiefel maskiert. Im Allgemeinen ist man der Ansicht, die Schenkel könnten einem Pferd nicht weh tun. Aber man vergisst dabei allzu leicht, wie stark unsere Beinmuskulatur ist und wie stark man trotz der langen Hebelarme (vgl. **Abb. 51 a**) durch Ausholen die Unterschenkel beschleunigen kann, so dass sie beim Auftreffen am Pferdebauch eben ganz beachtliche Kräfte freisetzen. In der Tat werden die Schenkel häufig zum Bestrafen von irgendwie „ungehorsamen“ Pferden eingesetzt. Man achte einmal darauf!

Sporen gelten allgemein als Verstärkung der Schenkel. Sie können verschieden aussehen: mit Rädchen oder Zackenrädchen ausgestattet, stumpf oder scharf, spitz, hoch geschwungen oder gerade, kurz oder lang. Natürlich kann man einem Pferd damit richtig weh tun, ja ihm sogar Verletzungen zufügen. Aber trotzdem wollen viele gute Reiter nicht auf sie verzichten, ebenso wenig wie auf die oben behandelte Kandare. Man kann sie eben auch ganz dezent verwenden, als ein Präzisionsinstrument, das dem Reittier überaus genaue Informationen vermittelt, genauer als mit Hilfe der Schenkel. Messwerte über die Stärke von Schenkel- oder Sporeneinwirkungen liegen leider nicht vor.

9.8 Gerte und Peitsche

Man kann es nicht zu oft betonen: Für uns Menschen ist die Hand das allerwichtigste Greiforgan, das bei allen Umweltkontakten eingesetzt wird. Während die Hände der anderen Primaten auch bei der Fortbewegung eine Rolle spielen, ist die Menschenhand ganz und gar auf das Greifen spezialisiert. Das findet seinen Niederschlag auch in den umfangreichen Arealen des Gehirns, die Handbewegungen wahrnehmen und steuern. Und es führt dann so leicht zu einer Überbewertung der Hand auch beim Reiten. Gleich ob, wie oben, **Hand**habung (sic!) der Zügel, einer Gerte oder Peitsche, immer denkt man zuerst an die Hand.

Ja, **Gerte** oder Peitsche: Die zuerst genannte gehört fast zur Standardausrüstung von Reitern. Häufig wird sie als verlängerter Zeigefinger benützt, mit dem man Stellen am Pferd erreichen kann, die sonst nicht erreichbar wären: der hintere Bauch, alle vier Beine. So etwas kann sehr hilfreich sein, man braucht dazu meist eine etwas steife Variante. Ebenso wie im Damensitz, wenn die Gerte das übergeschlagene Bein ersetzt. Die lange Gerte spielt auch eine wichtige Rolle bei der Arbeit an der Hand. Ganz schnell und leicht kann sich der verlängerte Zeigefinger aber auch verwandeln in ein Mittel zum Strafen: Man muss es nicht einmal anders ergreifen, das lange Ende kann immer noch am Kleinfinger vorbei nach unten zeigen, wenn ein scharfer Hieb platziert wird. Besonders mit weichen Gerten kann man ganz schön fest zuschlagen.

Bei **Peitschen** zeigt das lange Ende in Richtung zum Zeigefinger. Weil der menschliche Arm bereits lang ist, haben **Reitpeitschen** nur geringe Länge. Sie enden in einer Klappe. Mit ihnen kann man richtig zuhauen. Man sieht sowas immer wieder bei Rennreitern, wo die Peitsche in einem Finish heute nur noch fünfmal eingesetzt werden darf, und bei Springreitern, die solchen Beschränkungen nicht unterliegen. **Fahrpeitschen** haben einen langen Stiel und einen „Schlag", d. h. eine Schnur, die in Verlängerung des Stiels stehen kann oder gelenkig mit dem Stiel verbunden ist. Sie werden nicht nur zum Fahren, sondern auch zum Longieren benutzt. Bei ihnen gilt das Gleiche, wie oben für Sporen gesagt: Sie können sehr dezent als Instrument zur Zeichengebung benutzt werden, aber ebenso leicht als Waffe, die dem Pferd wehtut.

9.9 Fahren im Gespann

Die Leistungen der Fahrer mit Pferden vor einem Wagen sind überaus beeindruckend.

Im Gespann muss das Pferd vorangehen, das ist es in der Regel nicht gewohnt. Wer mit einem noch ungeübten Pferd mal so etwas wie Arbeit am Langen Zügel probiert hat, weiß, dass die meisten Pferde etwas ratlos reagieren, wenn man sie vorausgehen lassen will und hinter ihnen bleibt (siehe auch Schnitzer 2015). Sie fühlen sich einfach wohler und sicherer, wenn ihnen jemand, Herdengenosse oder Mensch, voran- oder zumindest neben ihnen geht. Das Problem wird deutlich kleiner, wenn zwei Zugtiere nebeneinander gehen können.

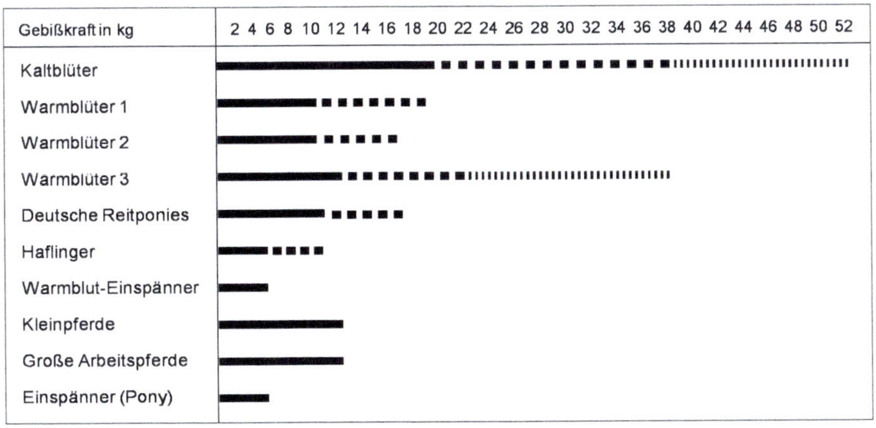

Abb. 78. Schematische Darstellung der bei Kutschpferden verschiedenen Typs (senkrecht) gemessenen Zügelkräfte (waagerecht). Die bewegen sich ständig im Bereich der durchgezogenen fetten Linien. Bei für das Gespann schwierigen Situationen auch kurze Zeit im Bereich der unterbrochenen Linien. Beim Notbremsen kommt es zu den punktiert gezeichneten Werten (nur für 2 Pferdetypen verfügbar). Nach Preuschoft & Gottstein 1999.

Beim Fahren sind die Einwirkungsmöglichkeiten beschränkt. Der Fahrer hat eine direkte Verbindung zum Pferd nur über die Zügel. Dazu kann er seine Stimme einsetzen und einen Stachel oder die Peitsche. Die muss keineswegs immer nur grob als scharfes Mittel zum Antreiben eingesetzt werden, wie es Filme über Wagenrennen wie Ben Hur oder ganz viele Westernfilme immer wieder nahelegen, sondern eben auch als verlängerter Zeigefinger, um subtile Informationen an das oder an die vorgespannten Pferde weiterzugeben. Ganz interessant ist es, dass die zahlreichen schönen Darstellungen aus der Streitwagenzeit und auf griechischer Keramik eigentlich nie so etwas wie eine Peitsche oder einen zugespitzten Stock zeigen. Antriebsmittel habe ich nie gesehen. Die Pferde sind oft im Galopp, also bei hoher Geschwindigkeit dargestellt. Die Zügel sind immer gespannt. Sie wirken vom Prinzip her eher bremsend, sicher auch lenkend.

Wichtig ist, dass beim Kutschfahren die Gebisskräfte mit den Gangarten in der exakt gleichen Weise die Nickbewegungen des Kopfes spiegeln wie beim

Reiten, die wie bereits erwähnt vom Pferd und nicht vom Menschen ausgehen.

Die Zügelkräfte liegen im Gespann insgesamt etwas höher, besonders beim zweispännigen Fahren. Sie lagen zwischen 50 und 300 N, was dem Gewicht von 5–30 kg auf den Zügeln entspricht. Die höchsten Werte kamen immer und nur beim überraschenden Bremsen in Alarmsituationen zustande („Kinderwagen im Weg!") und sie fielen bei den Kaltblütern besonders hoch aus. Kutschpferde werden heute immer mit Kandaren gefahren, deren Schärfe allerdings durch Variation der Baumlänge unterschiedlich eingestellt werden kann. In manchen Fällen werden Kinnketten benutzt, in manchen Ställen wird der Oberbaum statt an der Kinnkette am Kinnteil des Fahrhalfters befestigt.

10. Schutz für das Pferd

10.1 Decken, Hauben, Halsdecken

Pferde sind Geschöpfe der offenen Steppe. Das Klima schwankt dort sehr stark zwischen Frost und Hitze. Unter allen Equiden gehören die Przewalski-Pferde zu denen, die gegen Kälte am widerstandsfähigsten sind und die nördlichsten Gebiete bewohnen. Deshalb machen ihnen Temperaturschwankungen wenig aus. Kommt hinzu, dass sie bei ihrer Größe nicht schnell auskühlen und in ihrem Hinterdarm Bakterienkolonien unterhalten, die nicht nur Cellulose abbauen, sondern dabei auch Wärme produzieren. Halbwegs artgerecht im Offenstall oder auf der Weide gehaltene Pferde lassen sich im Herbst einen dicken, warmen und regenfesten Pelz wachsen, der im Frühjahr wieder abgeworfen wird. Diese Haltungsbedingungen machen eine Decke für das Pferd überflüssig. Außerdem behindert eine Decke durch ihr Gewicht das Aufstellen der Haare, mit dem die Pferde ihre Wärmeregulierung selbst herbeiführen können. Damit stört eine Decke geradezu die bessere von der Natur vorgegebene Wärmehaltung.

Natürlich, wenn die Anforderungen an das Pferd so hoch werden, dass es total verschwitzt ist (wie bei Renn-, Distanz-, Jagd- oder Turnierpferden), ist eine Decke zum Abschwitzen bei kühleren Temperaturen durchaus sinnvoll. Auch das Scheren von größeren Teilen der Oberfläche kann bei professionell genutzten Pferden angebracht sein.

Hauben und Halsdecken in Ergänzung zur Körperdecke halten lästige, ständig kitzelnde Insekten fern und können sich damit segensreich auswirken, besonders bei Pferden, die allergisch oder überempfindlich sind.

10.2 Bandagen, Gamaschen, Glocken

Bandagen werden offiziell benützt, „um die Sehnen der Zehenbeuger zu schützen". Das ist nicht leicht vorstellbar, denn die Sehnen werden in Richtung der Röhrbeine belastet, reißen also quer dazu ein, während die Bandage rings um das Röhrbein Zugkräfte ausübt, also im rechten Winkel zur Anspannung. Werden die Bandagen allzu fest gewickelt, können sie sogar den Blutkreislauf im Metapodium beeinträchtigen. Das gilt für das Hinter- wie für das Vorderbein, wobei die meisten Reiter das Vorderbein für besonders schutzbedürftig ansehen. Tatsächlich treten Sehnenzerrungen auch besonders häufig am Vorderbein auf, was das Bandagieren als passende Maßnahme erscheinen lässt. Der Anteil von Körperlast, der in den meisten Fällen vorne getragen wird, ist indessen gar nicht so viel höher als hinten. Natürlich sehen farbig bandagierte Beine auch durchaus nett aus. Trotzdem kann man sich des Eindrucks nicht erwehren, dass es bei dem üblichen Bandagieren um Gewohnheiten, Moden und Beschäftigung mit dem Pferd geht.

Ebenso wie die Bandagen schützen auch Gamaschen die Metapodien vor äußeren Kräften, vor allem durch Anschlagen an Hindernissen, aber besonders auch vor den Eisen der Hinterhufe. Das bedeutet auch, dass sie vorne wichtiger sind als hinten. Gamaschen sind leichter anzulegen als Bandagen und sie haben auch nicht den Anspruch, mehr als einen Schutz zu bewirken. Naja, die wenigsten Pferde springen über Hindernisse, oder werden im Freien geritten, wo sie mal über ein Hindernis steigen müssen, oder sind noch jung oder schlecht ausbalanciert. Auch das Anschlagen der Hinterhufe an den Vorderbeinen kommt nur selten vor – weshalb Gamaschen meistens überflüssig sind. Das Gleiche gilt für Fesselglocken, die eigentlich nur bei Springpferden den gefürchteten Kronentritt verhindern.

Bei echten Gebrauchsreitern sieht man so etwas wie Bandagen, Gamaschen oder Glocken nur überaus selten. Ich habe zwar alles Mögliche mit meinen Pferden angestellt, auf dem Reitplatz und vor allem im Gelände, bin aber immer ohne derartige Schutzmittel ausgekommen.

11. Alter des Pferdes

Das erreichbare Lebensalter eines Pferdes ist wesentlich von Einsatz und Haltung abhängig. Es gibt Unterschiede zwischen „Freizeit-“ und „professionellen“ Anforderungen an die Leistung eines Pferdes. Alter, Einsatzfähigkeit und Ableben sind dabei nicht zwingend miteinander verknüpft.

In Schriften, die es mit den Pferden gut meinen, wird auf das Wärmste geraten, Pferde erst zu harter Arbeit heranzuziehen, wenn sie vollständig „ausgewachsen“ sind. Die letzten Epiphysenfugen verschwinden beim Pferd so etwa im sechsten Lebensjahr, in dem Alter kann man also wirklich von „ausgewachsen“ sprechen, auch wenn das Tier noch an Masse zunimmt. Nun ist das Anreiten eines so alten und entsprechend selbstbewussten Pferdes nicht immer ganz einfach und seine Haltung kostet bis dahin Geld. Ein Zeitpunkt nach dem 36. Monat erscheint aus heutiger und meiner persönlichen Sicht deshalb durchaus angemessen.

Informationen zur Altersverteilung der 2023 in Deutschland angemeldeten Turnierpferde (Statista 2023) ergeben 8,73 % (3–4 Jahre), 51,18 % (5–10 Jahre), 28,75 % (11–15 Jahre) und 11,34 % (16 Jahre und älter).

Im Interesse der Züchter liegt ein früherer Beginn der Leistungsfähigkeit und deren frühe Prüfung. Dies hat im professionellen Rennsport dazu geführt, dass schon Zweijährige in Rennen über Strecken bis 1600 m laufen. Das setzt natürlich ein Anreiten und Beginn des Trainings mit knapp zwei Jahren voraus. Die wirklich großen Prüfungen in Deutschland werden dann unter Dreijährigen ausgetragen (Henckell-Rennen, Derby, 2400 m, St. Leger, 2800 m), die auch meistens bereits zu den nicht altersbegrenzten ganz großen Preisen (meist über 2400 m, auch mehr) zugelassen sind. Wichtig ist in diesem Zusammenhang, dass anscheinend die „Winterfavoriten“ schon als Dreijährige in den meisten Fällen keine Rolle mehr spielen und dass sehr viele Pferde ihre größte Schnelligkeit im Alter von vier Jahren erreichen. Mit fünf oder sechs Jahren lassen sie in aller Regel schon wieder etwas (an Schnelligkeit, aber nicht an Ausdauer) nach. Sehr früh ist auch der Beginn der Belastungen bei den

Quarter Horses, die schon mit zwei Jahren in der „Futurity“ antreten sollen. Auch die Hengst-Leistungsprüfungen werden für Dreijährige abgehalten.

Im Springsport der Spitzenklasse scheinen Pferde so mit sechs bis 15 Jahren ihre beste Zeit zu haben und bei den sportlichen Dressurreitern geht es manchmal mit sechs, häufiger mit acht Jahren los mit den Wettbewerben. Die Versicherungen haben ihre häufigsten Ausfälle von „Sportpferden“ bei einem Alter von acht Jahren zu verzeichnen. Dies ist schlimm und sicherlich nicht auf den Freizeitsport übertragbar. Eine umfangreiche Arbeit zur Belastung von Pferden von Meyer (Meyer 2015) ist für jeden Reiter lesenswert.

Viele der mäßig beanspruchten, langsam und spät aufgebauten Pferde werden so um die 30 Jahre alt, und z. B. sind in der Wiener Spanischen Reitschule von einem 28-jährigen Schulhengst Courbetten gezeigt worden. Auch in der Bückeburger Hofreitschule zeigen die Schulhengste noch in hohem Alter immer wieder schwierigste Lektionen: Das beste Beispiel hierfür war der über 30-jährige Berber Raissuli.

Man kann eigentlich nur immer wieder mahnen, junge Pferde nicht zu früh hoch zu belasten. Nie vergessen darf man, dass zu den hoch belasteten Tieren auch die Pferde gehören, die im Reitschulbetrieb gehen. Sorgfältige, zeitaufwendige Ausbildung „rentiert“ sich eben dadurch, dass das Pferd den Reitbetrieb lange aushält.

Eine gute Idee, praktiziert vor allem in der Szene der American Quarter Horses besteht darin, junge, zwei- bis zweieinhalbjährige Pferde bereits anzureiten, an den Sattel, die Zäumung und das Reitergewicht zu gewöhnen und sie dann wieder für ein bis eineinhalb Jahre auf die Weide zu schicken. Älter und reifer geworden, kennen die dann bereits den Reitalltag und wehren sich nicht mehr heftig dagegen. Man kann das Zeitintervall zwischen erstem Anreiten und hartem Training ja auch für Arbeit an der Hand, eben „Bodenarbeit“ ausnützen. Das wird z. B. von Penquitt (1996) und Aguilar (2014) sehr ausführlich empfohlen und es gibt eine riesige Fülle von Vorschlägen und Anregungen.

Dem Leser darf ich an dieser Stelle mitteilen, dass es für die meisten in diesem Buch behandelten Themen ausführliche Literatur (durchaus auch mal ältere Werke) gibt. Die Beschäftigung mit Pferden kann für den Menschen eine erfüllende Lebensaufgabe sein.

12. Danksagung

Vielerlei praktische Anregungen verdanke ich Jean-Pierre Godest, Richard Hinrichs, Christin und Wolfgang Krischke, Peter Kreinberg, Hedi Sackenreuther und Frauke Sticht. Die pferdegerechte Betreuung meines dunkelbraunen Vollblut-Connemara-Wallachs Patrik hat zuerst der frühere Stall Hofmeister in Hasslinghausen übernommen und mir vieles über die Haltung auf Weiden beigebracht. Herr Hofmeister hat Patrik auch importiert. Jahre danach haben Vater und später Sohn Thomas Romberg in Bochum Sorge für ihn bis in sein hohes Alter von 32 Jahren getragen, einschließlich des täglichen Weidegangs.

Herr Bernhard Glenczyk, den ich aus gemeinsam besuchten Kursen kenne, hat inzwischen im Western Riding große Erfolge erzielt und den Hof in Hasslinghausen unter dem Namen „Western Island" übernommen. Als ich ihn nach Patriks Lebensende besuchte und davon erzählte, hat er sehr großzügig gesagt: „Suchen Sie sich einen aus". Zuerst habe ich mich für den Connemara-Schimmel-Wallach Ricardo entschieden, später wechselte ich zu dem Criollo Apache.

Anregungen und technischer Rat kamen von meinen Mitarbeitern, vor allem: Dr. Parvis Falaturi, Dr. Kathrin Kienapfel-Henseleit, Dr. Stephan Recknagel, Prof. Dr. Hartmut Witte. Viele besonders schönen Zeichnungen hat Helga Schulze angefertigt, an deren Qualität komme ich mit meinen Skizzen überhaupt nicht heran. Meine Tochter Astrid half mir als passionierte Reiterin mit der Durchsicht des ersten Manuskripts und ihren Hinweisen für die Praxis. Ihr ist auch das Fremdwort- und Abkürzungsverzeichnis zu verdanken. Mein Schwiegersohn Thomas hat bei der redaktionellen Durchsicht und der Aufbereitung des Bildmaterials viele gute Vorschläge für ein besseres Verständnis des Inhalts gemacht. Das Lektorat für den Verlag hat Ulrike Böhmer durchgeführt.

Allen genannten Personen und den zahlreichen Pferden, die ich geritten habe, gilt mein ganz herzlicher Dank!

13. Literatur

Achilli A, Olivieri A, Soares P, Torroni A et al. 2012: Mitochondrial genomes from modern horses reveal the major haplogroups that underwent domestication PNAS 109(7): 2449–2454.

Ackerl F, Lehmann AH 1940: Die edlen Lipizzaner und die Spanische Reitschule. Verlag Alexander Duncker, Weimar.

Aguilar A 2014: Professionelle Ausbildung am Boden für jedes Alter, für jede Rasse. Franckh Kosmos Verlag, Stuttgart.

Ahrens E, Stanzinger G 2005: Comparative chromosomal studies of *E. caballus* and *E. przewalski* in a female hybrid. J. Animal Breeding Genetics. 122(Suppl.): 97–102.

Alexander R McNeill 1982: Locomotion of animals. Blacki & Son Limited U.K.

Alexander R McNeill 1988: Elastic mechanisms in animal movement. Cambridge Univ. Press, Cambridge U.K.

Alexander R McNeill 2006: Principles of animal locomotion. Princeton Univ. Press, Princeton, N.Y.

Anthony DW, Brown DR 1991: The origins of horseback riding. Antiquity 65(246): 22–37.

Arms A 2007: Lokomotionsverhalten und Fortbewegungsweisen kleiner Primatenarten (*Saguinus oedipus* und *Saimiri boliviensis peruvianus*). Masterarbeit, Fakultät für Biologie. Ruhr-Universität Bochum.

Baumann-Pellny D 2024: Im Damensattel – nach der deutschen Reitlehre. Georg Olms Verlag, Hildesheim.

Bennett EA, Weber J, Bendhafer W, Champlot S, Peters J, Schwartz GM, Grange T, Geigl, E-M 2022: The genetic identity of the earliest human made hybrid animals, the kungas of Syro-Mesopotamia. Science Advances 2022; Jan 14;8(2): doi: 10.1126/sciadv.abm0218

Bramble DM, Carrier DR 1983: Running and breathing in animals. Science 219(4582): 251–256.

Bramble DM, Lieberman DE 2004: Endurance running and the evolution of Homo. Nature 432: 345–352.

Busching M 1998: Eine experimentelle Studie zur Formänderung der Wirbelsäule und der Beckenkippung in der Sagittalebene in Abhängigkeit von der Oberschenkelwinkelung. Doktorarbeit an der Medizinischen Fakultät der Ruhr-Universität Bochum.

Branderup B, Kern E 2003: Renaissance Reiten nach Antoine de Pluvinel. Cadmos Verlag, Schwarzenbek, München.

Braun, IM, Zessin W 2012: Pferdedarstellungen in der paläolithischen Kleinkunst und der Versuch ihrer zoologisch-ethologischen Interpretation. Ursus, Mitteilungsblatt des Zoovereins und des Zoos Schwerin, 18. Jahrgang, Heft 1: 14–21.

Caro T, Izzo A, Reiner R et al. 2014: The function of zebra stripes. Nature Communications 5, 3535. doi.org/10.1038/ncomms4535

Christel IM 2023: Hände begreifen. Wie die Evolution ihre Gestalt und Handlungen prägte. Deutscher Wissenschaftsverlag DWV.

Clauss M, Hatt J-M, Hummel J 2006: Fütterung großer Pflanzenfresser. Proceedings: Arbeitstagung der Zootierärzte im deutschsprachigen Raum, S. 61–74.

Clutton-Brook J 1992: Horsepower. Harvard Univ. Press., Cambridge MAS.

Ferdinandy M de 1958: Dschingis Khan – Steppenvölker erobern Europa. Rowohlt Verlag, Hamburg.

Falaturi P 2000: Zwischen Huf und Erde - Teil 1. Die Belastungen beim Auffußen. Tierwelt 47(Nov): 32–34.

Falaturi P 2000: Zwischen Huf und Erde - Teil 2. Hufschutz verändert das Gangmuster. Tierwelt 48(Dez): 33–35.

Falaturi P 2001: Computerkinematographie als geeignetes Verfahren zur objektiven Bewegungsanalyse – Beschreibung und Ergebnisse. Pferdeheilkunde 17: 30–41.

Falaturi P 2004: Skizze zu den Steigbügelmessungen mit Elastostep. Persönliche Mitteilung.

Falaturi P, Reininger EF, Preuschoft H 2001: Bewegungsanalyse bei Springpferden mit Hilfe der Computerkinematographie. Pferdeheilkunde 17: 361–368.

Faltejsek D 1998: Im Damensattel. Eine Reitlehre für die Frau. Georg Olms Verlag, Hildesheim (Neuauflage siehe Baumann-Pellny D 2024).

Fansa M, Burmeister S. (Hg.) 2004: Rad und Wagen. Wissenschaftliche Beischrift zur Sonderausstellung im Landesmuseum für Natur und Mensch in Oldenburg.

Beiheft der Archäologischen Mitteilungen aus Nordwestdeutschland Nr. 40, Philipp von Zabern, Mainz.

Fischer M 1994: Die Lokomotion von *Provavia capensis* (Mammalia: Hyracoidea). Ein Beitrag zur Evolution des Bewegungssystems der Säugetiere. Habilitationsschrift, Fakultät für Biologie. Universität Tübingen.

Franzen JL 2007: Eozäne Equoidea (Mammalia, Perissodactyla) aus der Grube Messel bei Darmstadt. Schweizerische Paläontologische Abhandlungen; 127: 1–245.

Lucas PW, Luke DA 1984: Chewing it over: Basic principles of food breakdown. In: Chivers D, Wood B, Bilsborough A (Hgg.) Food acquisition and processing in primates. Plenum Press, New York, London.

Gambaryan PP 1974: How animals run. John Wiley & Son, New York.

Gandowski J 2016: Wie liegt die Kandare im Pferdemaul bei einseitigem Zug und in korrekter Stellung? Bachelor-Arbeit, Hochschule für Wirtschaft und Umwelt (HfWU) Nürtingen.

Gaunitz C et al. 2018: Ancient genomes revisit the ancestry of domestic and Przewalski's horses. Science Vol 360, Issue 6384: 111–114.

Gellmann K, Bertram J 2002 a: The equine nuchal ligament: structural and material properties. 1, Vet. Comp. Orthopaedics and Traumatology; 15: 1–6.

Gellmann K, Bertram J 2002 b: The equine nuchal ligament: passive dynamic energy exchange in locomotion. 2 Vet. Comp. Orthopaedics and Traumatology; 16: 7–11.

Gössling R 2010: Biologische Vorteile und mechanische Probleme der langen Schnauze am Beispiel von *Plateosaurus*. Beitrag zur funktionellen Schädel-Morphologie mit Hilfe der Finite-Elemente-Struktur-Synthese (FESS). Verlag Dr. Hut, München.

Grand TI 1977: Body weight in relation to tissue composition, segment distribution and motor function. Interspecific comparisons. Am J Phys Anthropol. 1977 Sep;47(2): 211–40.

Grand TI 1990: The functional anatomy of body mass. In: Damuth J & McFasson BJ (Hgg.) Body size in mammalian paleontology. Cambridge Univ. Press, Cambridge U.K. 39–47.

Guérinière F Robichon de la 1733: École de Cavalerie. Übersetzt von S von Haugh: Schule der Reitkunst. Einführung und Gestaltung durch Roeingh R, Deutscher Archiv-Verlag, Berlin 1942.

Guimares S, Arbuckle B, Peteres J, Adcock A, Buitenhuis H, Chazin H, Manaseryan N, Uerpmann P, Grange T, Geigl E-M 2020: Ancient DNA shows domestic horses were introduced in the Southern Caucasus and Anatolia during the Bronze Age. Science Advances 8(2). doi: 10.1126/sciadv.abm0218

Herodot 1955: Historien, Band IV. Nesselrath H-G (Hrg.) 5. Auflage, 127 ff, Alfred Kröner Verlag, Stuttgart.

Herre W, Röhrs M 1990: Haustiere – zoologisch gesehen. 2. Auflage, Fischer Verlag, Stuttgart.

Hiiemae K 1976: Masticatory movements in primitive mammals. In: Anderson D, Matthews B (Hgg.) Mastication. Wright, Bristol, 105–118.

Hiiemae K 1978: Mammalian mastication: a review of the activity of the jaw muscles and the movements they produce in mastication. In: Butler PM, Joysey KA (Hgg.) Development, evolution and function of teeth. Academic Press, London, New York, San Francisco, 359–398.

Hinrichs RB, Branderup B 2005: Der moderne Reitersitz. Dressur-Studien 2/2005: 24–29.

Holm U 2008: Western-Reiten, aber bitte klassisch. Müller Rüschlikon Verlag.

Homer: Ilias, 23. Gesang: Penthesilea.

Janis CM, Wilhelm PB 1993: Were there mammalian pursuit predators in the tertiary? Dances with wolf avatars. J Mammal Evolution 1: 103–125.

Johanson DC, Edey ME 1981: Lucy – the beginnings of humankind. Granada, London.

Junckelmann M 1991: Die Reiter Roms, Teil II. Philip von Zabern, Mainz.

Kassai L 1980: Bogenschießen vom Pferd. Püski Verlag, Budapest.

Kienapfel K 2014: Die biomechanische Konstruktion des Körperstamms bei Pferden als Beispiel für quadrupede Tiere unter spezieller Berücksichtigung der während der Lokomotion auftretenden Spannungen aufgrund von EMG-Aufzeichnungen und Verhaltensbeobachtungen. Dissertation an der Biologischen Fakultät der Ruhr-Universität Bochum.

Kienapfel K, Preuschoft H 2010: Viel zu eng! Über die Verschnallung der Nasenriemen. Pferdeheilkunde 26/2 (März/April): 178–185.

Kienapfel K, Preuschoft H 2011: Was bewirkt das Aufrollen des Pferdehalses? Einflüsse der Halsstellung auf die Dehnung der Weichteile. Pferdeheilkunde 27: 358–370.

Kienapfel K, Laebe S, Preuschoft H 2014: Do tracks yield reliable information on gaits? Part I The case of horses. Fossile record 17(1): 59–67.

Kienapfel K, Preuschoft H, Wulf A, Wagner H 2018: The biomechanical construction of the horse's body and activity patterns of three important muscles of the trunk in the walk, trot and canter. J. Animal Physiol. Animal Nutrition: e818-e882. doi.org./10.1111jpn. 12840

Kimura B et al. 2010: Ancient DNA from Nubian and Somali wild ass provides insights into donkey ancestry and domestication. Proc Biol Sci. 2011 Jan 7;278(1702): 50–57.

Klingel H 1972: Das Verhalten der Pferde. Handbuch der Zoologie 8, Walter De Gruyter, Berlin.

Klingel H 1986: Pferde. In: Grzimek B (Hg.) Enzyklopädie der Säugetiere Band 4, Kindler, München, S. 557–596.

Koch A, Rölle R 2010: Amazonen, Geheimnisvolle Kriegerinnen.

Begleitbuch zur Ausstellung im Historischen Museum der Pfalz, Speyer. Edition Minerva, München.

Koch A 2017: Das Merothische Reithalfter. Dressur-Studien 2/17: 33–34.

Köhler M 1993: Skeleton and habitat of recent and fossil ruminants. Münchner Geowissenschaftliche Abhandlungen, Reihe A, Geologie und Paläontologie: 8–88.

Krischke C 2015: Du entscheidest! Reiten mit gutem Gewissen. Cadmos Verlag, Schwarzenbek.

Krumbiegel I 1958. Einhufer. Die Neue Brehm-Bücherei, Ziemsen Verlag, Wittenberg.

Leakey LSB, Tobias PV, Napier JR 1964: A new species of the genus *Homo* from Olduvai Gorge. Nature 202: 7–9.

Lehmenkühler M, Thiel M 2007: Anspruchsvoll gebisslos reiten mit dem LG Zaum. Georg Olms Verlag, Hildesheim.

Legaz C 2015: Die Camargue-Reitweise. Georg Olms Verlag, Hildesheim.

Librado P et al. 2007: The origins and spread of domestic horses from the Western Eurasian steppes. Nature 598: 634–640.

Librado P et al. 2017: Ancient genomic changes associated with domestication of the horse. Science 356: 442–445.

MacFadden BJ 1992: Fossil horses. Cambridge Univ. Press, Cambridge U.K.

Meier M 2020: Die Geschichte der Völkerwanderung. 2. Auflage, C. H. Beck Verlag, München.

Meyer H 2015: Über die Belastung des Pferdes durch den Einsatz unter dem Reiter. Pferdeheilkunde 31 (2015) 3 (Mai/Juni) S. 269–292.

Mochon S, McMahon TA 1980: Ballistic walking. J Biomechanics 13: 49–57.

Mochon S, McMahon TA 1981: Ballistic walking – an improved model. Mathematical Biosciences 52 (3-4): 241–260.

Mohr E 1959: Das Urwildpferd. Die Neue Brehm-Bücherei. Ziemsen Verlag, Wittenberg.

Montgelas, E Gräfin von 1921: Von meiner Löwin und anderen Lieblingen. 2. Auflage, Haberland Verlag, Leipzig.

Muybridge E 1957: Animals in motion. Dover Publications, N.Y.

Napier J 1961: Prehensility and opposability in the hands of primates. Symp. Zool. Soc. London, 5: 115–132.

Neindorff E von 2005: Die reine Lehre der klassischen Reitkunst. Cadmos Verlag, Schwarzenbek.

Newton I 1687: Mathematical Principles of Natural Philosophy. Innys, Regiae Societatis Typographos, London.

Nickel R, Schummer A, Seiferle E 1968: Anatomie der Haustiere. Band I - Bewegungsapparat. Parey Verlag, Berlin.

Nieschalk U 1981: Fortbewegung und Funktionsmorphologie kleiner quadrupeder Halbaffen in Anpassung an unterschiedliche Habitate. Dissertation an der Biologischen Fakultät der Ruhr-Universität Bochum.

Nieschalk U, Preuschoft H 1981: Bericht an Firma Dallmer über Hufschuhe.

Nobis G 1973: Zur Frage römerzeitlicher Pferde in Zentraleuropa. Z. für Säugetierkunde 38: 224–252.

Olivera N 2011: Notizen zum Unterricht. 2. Auflage, Georg Olms Verlag, Hildesheim
Otte M 1994: Geschichte des Reitens von der Antike bis zur Neuzeit. FN-Verlag, Warendorf.
Pakusa T 1999: Experimentelle Untersuchungen zu Morphologie und Funktion der Hüftgelenksbänder. Dissertation an der Medizinischen Fakultät der Ruhr-Universität Bochum.
Penquitt C 2001: Die neue Freizeitreiter Akademie. Franckh-Kosmos Verlag, Stuttgart.
Penquitt N 1996: Pferdeschule. Franckh-Kosmos Verlag, Stuttgart.
Pfretzschner H-U (1997/98): Biometrische Untersuchungen am Schädel der Ungulaten (Artiodactyla, Perissodactyla, Notungulata, Lithopterna). Abhandlungen der Senckenbergischen Naturforschenden Gesellschaft, Frankfurt.
Parzinger H 2007: Im Zeichen des Goldenen Greifen. Königsgräber der Skythen. Prestel Verlag, München.
Pauwels F 1965: Gesammelte Abhandlungen zur Biomechanik. Springer Verlag, Heidelberg.
Podhajski A 1968: Kleine Reitlehre. Nymphenburger Verlagshandlung, München.
Preuschoft H 1990 a: Physikalisches über die Zügelführung. Freizeit im Sattel 1: 8–10.
Preuschoft H 1990 b: Physikalisches über die Zügelführung. Freizeit im Sattel 2: 90–92.
Preuschoft H 1990 c: Physikalisches über die Zügelführung. Freizeit im Sattel 5: 242–244.
Preuschoft H 1990 d: Physikalisches über die Zügelführung. Freizeit im Sattel 10: 562–563.
Preuschoft H 1993: Überlegungen eines Biomechanikers zum „pferdegerechten" Reiten. In: Schürer (Hg.) Zwischen Langeweile und Überforderung. Edition Schürer, Kirchheim.
Preuschoft H 2001: Die Entwicklung des aufrechten Gangs beim Menschen. Praxis der Naturwissenschaften, Biologie in der Schule 50: 24–42.
Preuschoft H 2005: Ganz und gar nicht fein: Die Reiterhand zieht fast immer. Dressur-Studien 3: 78–82.
Preuschoft H 2005: Scharfe Gebisse und weiche Kandaren. Dressur-Studien 3: 83–86.

Preuschoft H 2006: Die Biomechanik des aufrechten Gangs. In: Conard NJ (Hg.) Woher kommt der Mensch? 2. Auflage: 36–73. Attempto Verlag, Tübingen.

Preuschoft H 2008: Zur „normalen" Beanspruchung des Pferderumpfes durch sein Eigengewicht und das des Reiters. FFP-Spezialheft: Ausbildung von Pferden vom Boden aus: 82–103.

Preuschoft H 2022: Understanding body shapes of animals. Springer Nature, Cham, Switzerland. doi.org/10.1007/978-3-030-27668-3

Preuschoft H, Franzen JL 2012: Locomotion and biomechanics in Eocene mammals from Messel. Paleobiodiversity and Paleoenvironment 92: 459476.

Preuschoft H, Fritz M 1977: Mechanische Beanspruchung im Bewegungsapparat von Springpferden. Fortschritte der Zoologie 24(2/3): 7598.

Preuschoft H, Gottstein B 1999: Die Wirkung von Fahrleinen auf Pferdemäuler, Teile I –III, Reitsport-Magazin 6: 34–35,10: 28–29.

Preuschoft H, Hüllen-Kluge K 1987: Die Körperhaltung von Pferden während des Sprunges. In: Preuschoft et al. (Hg.) Studien zu der Bewegung von Sportpferden. Wiss. Publikationen 9, FN-Verlag, Warendorf.

Preuschoft H, Klein N 2013: Torsion of the neck and tail of dinosaurs and the function of cervical ribs: insights from functional morphology and biomechanics. PLOS ONE, 8, e78574. doi.org/10.1371/journal.pone.0078574

Preuschoft H, Schneider H 1972: Die Skelettreste aus der Grabung St. Veit. In: Fehring GP (Hg.) Forschungen und Berichte der Archäologie des Mittelalters in Baden-Württemberg, Band 1, Müller & Gräff, Stuttgart, S. 241–265.

Preuschoft H, Witte H 1991: Biomechanical reasons for the evolution of human body shape. In: Coppens Y, Senut B (Hgg.) Origine(s) de la bipedie chez les hominidés. CNRS, Paris, 59–77.

Preuschoft H, Witte H (1993) Die Körpergestalt des Menschen als Ergebnis biomechanischer Erfordernisse. In: Voland E (Hg.) Evolution und Anpassung. Warum die Vergangenheit die Gegenwart erklärt. S. Hirzel Verlag Stuttgart, S. 43–74.

Preuschoft H, Witzel U 2004: The functional structure of the skull in Hominoidea. Folia primatologica 75: 202–252.

Preuschoft H, Witzel U 2005: The functional shape of the skull in vertebrates. Which forces determine morphology? Anat. Record, special issue: Finite element analysis in vertebrates. Edited by C. Ross, 402–413.

Preuschoft H, Falaturi P, Lesch C, Witte H, Recknagel S 1994 a: Rückenprobleme: Der Pferderumpf in Bewegung. Freizeit im Sattel, 5/94, S. 320–324.

Preuschoft H, Falaturi P, Lesch C 1994 b: Was spürt das Pferd vom Reiter ? In: Schürer B (Hg.) Zusammen Rücken. Edition Schürer, Kirchheim, S. 20–31.

Preuschoft H, Falaturi P, Lesch C 1995: Grenzen der Einwirkungen auf das Pferd. Tierärztliche Rundschau 50: 511–521.

Preuschoft H, Falaturi P, Busching K, Recknagel S 2012: Welche Bedingungen bestehen für einen optimalen Sitz des Reiters? FFP Spezialheft: Pferde gesund erhalten durch gutes Reiten. Lindner A (Hg.), Dülmen, S. 92–122.

Preuschoft H, Rönne von K, Uhlig F, Kienapfel K, Clayton H 2017: Gebisslos glücklich? Dressur-Studien 2/17: 8–23.

Preuschoft H, Günther M, Hayama S 1988: Curvature of the lumbar spine as consequence of mechanical necessities in Japanese macaques trained for bipedalism. Folia primatologica 50: 42–58.

Preuschoft H, Knisel M, Fritz M 1987: Die Bewegungen von Pferden beim Springen. In: Preuschoft et al. (Hgg.) Studien zu den Bewegungen von Sportpferden. Wissenschaftliche Reihe 9, FN Verlag Warendorf, S. 60–119.

Preuschoft H, Witte H, Demes B 1993: Biomechanical factors that influence overall body shape of large apes and humans. In: Matano S, Tuttle R, Ishida H, Goodmann M (Hgg.) Topics in Primatology 3, 259–289.

Preuschoft H, Witte H, Recknagel S, Bär H, Lesch C, Wüthrich M 1999: Über die Wirkung gebräuchlicher Zäumungen auf das Pferd. Dt. Tierärztliche Wochenschrift 106: 169–175.

Pruvost M, Bellone R, Benecke N, Sandoval-Castellanos E, Cieslak M, Kuznetsova T, Morales-Muñiz A, O'Connor T, Reissmann M, Hofreiter M, Ludwig A 2011: Genotypes of predomestic horses match phenotypes painted in paleolithic works of cave art. In: Proc. Nat. Acad. Sci. USA 108(46), 15: 18626–18630. Epub 2011 Nov 7. PMID 22065780

Repgow von E, 1235: Sachsenspiegel. Zahlreiche Handschriften, z. T. noch 100 Jahre später datiert und illustriert.

Rook L, Bernor RL, Avilla LS, Cirilli O, Flynn L, Jukar A, Sanders W, Scott E, Wang X 2019: Mammal Biochronology (Land Mammal Ages) Around the World From Late Miocene to Middle Pleistocene and Major Events. In: Horse Evolutionary History. Front. Ecol. Evol. 7: 278. doi 10.3389/fevo.2019.00278

Rosenberger A 2020: New world monkeys. Princeton University Press, Princeton, NJ.

Rosenberger A 2023: Primates. An introduction. Routledge, London.

Sánchez-Villagra MR 2022: The process of animal domestication. Princeton, NJ. Princeton University Press.

Schertz P, Stribbling N (Hgg.) 2017: The horse in ancient Greek art. National Sporting Library and Museum, Middleburg, VIRG. Yale University Press.

Schlunk A 2010: Das Verhalten von Weidetieren (Pferd, Rind, Schaf und Ziege) bei der Nahrungsaufnahme. Master-Arbeit an der Fakultät für Biologie und Biotechnologie der Ruhr-Universität Bochum.

Schnitzer U 2015: Pferde versammeln vom Boden aus. FN-Verlag, Warendorf.

Schusdziarra H, Schusdziarra V 1978: Das Gymnasium des Reiters. Parey Verlag, Berlin.

Simpson GG 1951: Horses. Natural History Library, New York.

Slijper EJ 1946: Comparative biologic-anatomical investigations of the vertebral column and spinal musculature of mammals. Verhandl. Köningl. Nederlandsche Akademie Wetenschappen. Afd. Naturkunde, 2 (42): 1–128.

Sommer RS, Benecke N, Lembi L, Nelle O, Schmolcke U 2011: Holocene survival of the wild horse in Europe: a matter of open landscape? Journal of Quaternary Science; 26 (8): 805–812.

Sommer RS 2020: Late Pleistocene and Holocene History of Mammals in Europe. In: Hackländer K, Zachos F (Hgg.) Handbook of the Mammals of Europe. Springer, Cham, 1–16.

Stenton F, Bertrand S, Digby W, Gibb-Smith CH, Mann J, Nevinson JL. Wormald F 1957: Der Wandteppich von Bayeux. Phaidon Verlag, London.

Streitlein I, Preuschoft H 1987: Kinematik der Trabtempi von Reitpferden. In: Preuschoft et al. (Hg.) Studien zu der Bewegung von Sportpferden. Wiss. Publikationen 9, FN-Verlag, Warendorf, S. 20–65.

Statista 2023: Alter der eingetragenen Turnierpferde und Ponys in Deutschland. https://de.statista.com/statistik/daten/studie/1313733/umfrage/alter-der-eingetragenen-turnierperde-und-ponys-in-deutschland/

Taylor W, Running Horse Collin Y 2023: Scientists uplift indigenous human horse histories. https://www.sapiens.org/biology/indigenous-human-horse-genomics/

Tilley P, Simões J, Sales Luis JP 2023: Effects of a 15° Variation in Poll Flexion during Riding on the Respiratory Systems and Behaviour of High-Level Dressage and Show-Jumping Horses. Animals 13, 1714. doi.org/10.3390/ani13101714

Tobias P 1992: The species Homo habilis: example of a premature discovery. Annales Zoologici Fennici. Band 28 (1992): 371–380.

Trautmann, A et al. 2023: First bioanthropological evidence for Yamnaya horsemanship. Science Advances Vol 9, Issue 9. doi 10.1126/sciadv.ade2451

Uhlig F 2009: Darstellung der Lage verschiedener Trensengebisse im Pferdemaul bei Einwirkung unterschiedlich starken Zügelzuges am gerittenen Pferd im Halten. Baccalaureus Arbeit an der Veterinärmedizinischen Universität Wien.

Uhlig F 2012: Scharfe Sache: Wie sich Fehlhaltungen auf das Gebiss auswirken. Dressur-Studien 3: 62–65.

Van der Sluijs L, Gerken M, Preuschoft H 2010: Comparative analysis of walking gaits in South American Camelids. J. Zoology 282/4: 291–299.

Vincelette A 2023: The origination, distribution, function, and nature of alternative lateral horse gaits. Animals 2023, 13(16), 2557; doi.org/10.3390/ani13162557

Vössing K 2014: Das Königreich der Vandalen. Wissenschaftliche Buchgesellschaft, Darmstadt.

Walker A, Leakey R (Hgg.) 1993: The Nariokotome Homo erectus Skeleton. Springer, Heidelberg.

Weishaupt M. Byström A, Geser-von Peinen K, Wiestner T, Meyers H, Waldern N, Johnston C, Weeren P van, Roepstorff L 2009: Kinetics and kinematics of the passage. Equine veterinary journal; 41: 263–267.

White R. 1993: Préhistoire. Éditions Sud-Ouest, Bordeaux.

White TD, Asfaw B, Beyene Y, Haile-Selassie Y, Lovejoy CO, Suwa G, Wolde-Gabriel G 2009: *Ardipithecus ramidus* and the paleobiology of early hominids. Science. Oct 2; 326(5949): 75–86.

Weber G 1963: Wolfram von Eschenbach: Parzival Gawan-Aventiure X. Buch. Wissenschaftliche Buchgesellschaft, Darmstadt.

Wiesner J 1939: Fahren und Reiten im alten Orient. Documenta Hippologica. Nachdruck 1971, Olms Presse, Hildesheim.

Witte H, Preuschoft H, Recknagel S 1991: Human body proportions on the basis of biomechanical principles. Zeitschrift für Morphologie und Anthropologie 78/3: 407–423.

Witte H, Preuschoft H 1996: Dynamik der Wirbelsäule. Nicht Stehen, sondern Gehen. Rubin, Wissenschaftsmagazin der Ruhr-Universität Bochum 1/97: 44–51.

Witte H, Lesch C, Preuschoft H, Loitsch C 1995a: Die Gangarten der Pferde. Sind Schwingungsmechanismen entscheidend? Teil I Pendelschwingungen der Beine bestimmen den Schritt. Pferdeheilkunde 11: 199–206.

Witte H, Lesch C Preuschoft H, Loitsch C 1995b: Die Gangarten der Pferde. Sind Schwingungsmechanismen entscheidend? Teil II: Federschwingungen bestimmen den Trab und den Galopp. Pferdeheilkunde 11: 265–272.

Witzel U, Preuschoft H 2002: The functional shape of the human skull as documented by three-dimensional FE-studies. Anthropologischer Anzeiger 60(2): 113–135.

Witzel U, Mannhardt J, Gössling R, Micheli P de, Preuschoft H 2011: Finite element analysis and virtual synthesis of biological structures and their application to sauropod skulls. In: Klein N, Remes H, Gee CT, Sander PM (Hgg.) Biology of sauropod dinosaurs. Indiana University Press, Bloomington IN, 171–196

Witzmann P 2010: Zur Lage verschiedener Gebisse im Pferdemaul. Vortrag, gehalten auf der Tagung der Dt. Veterinärmedizinischen Gesellschaft in Nürtingen.

Wolfers JP 1872: Sir Isaac Newton's mathematische Prinzipien der Naturlehre. Mit Bemerkungen und Erläuterungen. Wolfers J.Ph. (Hrg), R. Oppenheim, Berlin 1872

Xenophon: Anabasis, der Zug der Zehntausend. W. Goldmann, München 1959.

Xenophon a: Hipparchikos. Der Reiteroberst. Übersetzt von B. Keller, Erich Hoffmann Verlag, Heidenheim 1962.
Xenophon b: Peri Hippikes. Über die Reitkunst. Übersetzt von B. Keller, Erich Hoffmann Verlag, Heidenheim 1962.

14. Fremdwort- und Abkürzungsverzeichnis

Anulus fibrosus	der faserige äußere Ring der Bandscheiben
Aponeurose	flächig ausgebreitete Sehne
Autopodium	Sammelbezeichnung für die Endabschnitte der Gliedmaßen, also Hand oder Fuß
BED	Bewegungs-Einheits-Dauer, Dauer einer Bewegungs-Einheit, s. auch Zyklus
BRK	Boden-Reaktions-Kraft, oder verlängert auch Traglinie
caudal	dem Schwanz (hinten) zugewendet oder nahe (Gegensatz zu cranial)
cranial	dem Kopf (cranium) zugewendet oder nahe (Gegensatz zu caudal)
distal	an den Extremitäten: fern vom Rumpf (Gegensatz zu proximal)
DMS	Dehnmessstreifen – fertig käufliche Messstreifen (Widerstandsänderung)
dorsal	am Rumpf der Rückseite nahe oder zugewendet (Gegensatz zu ventral)
EMG	Elektromyogramm – Messung der Muskelaktivität über Elektroden
F	Kraft – Messeinheit [N] – abgeleitete Einheit für $[m/(kg*s^2)]$
FESA	Finite Element-System-Analyse
FESS	Finite Element-System-Synthese
G oder **g**	Erdbeschleunigung – Naturkonstante g = 9,81 m/s^2
KSP	Körperschwerpunkt
Kyphose	zur Bauchseite hin hohle Krümmung
H oder **h**	Hebelarm (einer Kraft)
KHP	Kopf-Hals-Position
lateral	Gegensatz zu medial: Richtung von der gedachten Mittelebene weg

Lordose	zur Rückseite hin hohle Krümmung
LDR	low-deep-round, Rollkurhaltung bzw. Hyperflexion mit der Stirn-Nasen-Linie deutlich hinter der Senkrechten
medial	Gegensatz zu lateral: Richtung zu der gedachten Mittelebene hin
M	musculus (anatomisch, singular)
Mm	Musculi (anatomisch, plural)
Myofibrillen	die Fasern, aus denen die Muskelfasern bestehen. Sie können sich zusammenziehen und damit Kraft abgeben. Die zahlreichen Zellkerne liegen ganz außen an der Zellwand.
N	Newton, Messeinheit der Kraft
Nucleus pulposus	der sehr flüssigkeitsreiche innere Kern der Bandscheiben
Pectoral	Brustschmuck
Planum nuchale	Nackenfeld, oberhalb (dorsal) des Gelenks im Genick
Psalie	aus Horn, Geweih, Holz bestehender, meist gekrümmter Stab, der beiderseits wie ein Trensenknebel verhindert, dass das Mundstück aus dem Maul gezogen wird.
proximal	an den Extremitäten: nahe am Rumpf (Gegensatz zu distal)
Punctum fixum	nicht beweglicher Ursprung eines Muskels
Punctum mobile	bewegter Ansatz eines Muskels
Resultierende Kraft	Entsteht bei z. B. zwei an einer Stelle angreifenden Kräften.
Sarcomer	der kurze Abschnitt einer Myofibrille, der die Verkürzung herbeiführt. Da alle Sarcomere auf gleicher Höhe stehen, entsteht der Eindruck einer Querstreifung der Skelettmuskeln.
Stylopodium	Sammelbezeichnung für die proximalen, dem Rumpf nächsten Abschnitte der Extremitäten, also der Oberarme und Oberschenkel
V	Velocity (englisch), Velocität, Geschwindigkeit
ventral	am Rumpf der Bauchseite nahe oder zugewendet (Gegensatz zu dorsal)

VL	Huf vorne links – auch FL engl. front left (auch HL engl. hind left = hinten)
VR	Huf vorne rechts– auch FR engl. front right (auch HR engl. hind right = hinten)
Zeugopodium oder **Zygopodium**	der mittlere Abschnitt einer Gliedmaße, bei Pferden vor allem aus den Röhrbeinen gebildet
Zyklus	eine Bewegungseinheit